每天读点行为心理学

郑一/编著

中国纺织出版社

内 容 提 要

每个人的行为都受大脑和心理的支配，了解各种行为所代表的意义，就能更好地了解他人行为背后的真实心理，也就能使自己在复杂的人际交往中游刃有余。

本书汇集了诸多行为学与心理学的经验，内容知识全面，贴近生活实际，能帮助读者迅速掌握一些识人、辨人的知识与技巧。希望读者朋友在阅读此书之后，能够熟知为人处世的策略，用心理学的知识，指导自己的生活和工作。

图书在版编目(CIP)数据

每天读点行为心理学/郑一编著.—北京：中国纺织出版社，2016.11（2024.1重印）

ISBN 978-7-5180-2862-7

Ⅰ.①每… Ⅱ.①郑… Ⅲ.①行为主义—心理学—通俗读物 Ⅳ.①B84-063

中国版本图书馆CIP数据核字(2016)第193137号

责任编辑：闫星　　责任印制：储志伟

中国纺织出版社出版发行

地址：北京市朝阳区百子湾东里A407号楼　邮政编码：100124

销售电话：010—67004422　传真：010—87155801

http://www.c-textilep.com

E-mail：faxing@c-textilep.com

永清县晔盛亚胶印有限公司印刷　各地新华书店经销

中国纺织出版社天猫旗舰店

官方微博 http://weibo.com/2119887771

2016年11月第1版　2024年1月第3次印刷

开本：710×1000　1/16　印张：16.5

字数：240千字　定价：49.00元

序言

每个人到了二十几岁后，就意味着要面对不同的人生，昔日，我们可以和同学、玩伴打打闹闹，但现在要开始面临残酷的社会竞争；从前，你的老师、家长会指导你处理生活和学习上的困难，但现在你要独自面对；过去你的生活圈子只是学校和家庭，但现在你要进入社会，成为社会的一分子……

一些年轻人感叹，做人做事实在太复杂了，仿佛用尽浑身力气，也无法达到完美。其实，说话做事是一门艺术，正如我们追逐成功一样，如果我们找不到中间的方法和门道，那么，无论你再努力，也是徒劳。其实，年轻人之所以在工作和人际关系上感到不顺，是因为他们不懂人心，不懂得如何参与人际间的心理博弈。

当然也有一些年轻人，他们看起来能力并不突出，外貌也不出众，但他在自己所处的环境里，就是如鱼得水，总是能受到上司的器重、客户的关照，所以，他们比别人更容易成功。为什么会有这样大的区别？因为前者不谙心理策略，而后者却能做到在与人交往时把握人心。

其实，人际交往离不开心理学这个范畴，每时每刻都在上演着一幕幕心理博弈。这正如法国文学家罗曼·罗兰所说："人类的一切生活，其实都是心理生活。"

因此，生活中的每一个二十几岁的年轻人，都应该懂点心理策略，它可以使你摆脱无所适从的困惑；它可以让你具有认清环境和辨别他人的能力；它可以使每个人在风云突变之际，看透周围的人与事，看破一个人的真伪，洞悉他人内心深处潜藏的玄机，以不变应万变，进而指导你怎么说话、怎样做事，让你从容应对各种人际关系，不再四处碰壁，牢牢地掌握人生的主动权，创造属于自己的幸福人生。

本书立足现实，全方位地为刚刚离开学校、步入职场和社会的年轻人指出如何运用心理策略处理工作和生活中遇到的问题，如何改变自己的命运，如何实现青涩到成熟的转变，从而收获幸福的人生。这本书值得每个年轻人用心阅读，翻开本书，你会感到好似一位前辈在那里口若悬河而又言之有物。书的章法严谨，逻辑顺畅，只要你认真阅读它，细心体会它，你就能学会一些最实用的心理策略，从而帮助你更易被人接纳、尊重，并获得帮助，让你在工作和生活中更顺心，最终实现自己的人生目标。

编著者

2015 年 9 月

导读

上篇　行为心理分析

下篇　应用心理策略掌控社交主动

导 读

当你面对上司、同事、下属、客户或者竞争对手时，如何始终使自己处于优势位置，如何看穿对方的弱点，如何让对方同意你的观点，甚至为你所用，这都在考验你的职场交际能力；当你面对身边的亲人、朋友、恋人，甚至陌生人的时候，如何了解对方的心理，如何做到知他人所想，如何更好地与对方沟通、互动，这些都是在考验你的社会交往能力。这些能力归根结底其实是读懂人心和掌控人心的技巧。

俗话说：知己知彼，方能百战不殆。所谓“知彼”，就是要识透他人的内心。当然识人难，识人心更难，这个世上最难猜透、最善变的就是人心。

每个人都扮演着不同的角色，随着地点的不同、面对对象的不同，角色和言行都是不同的。其实，简单地说，每个人都在掩盖真实的自己，而识人心最为关键的一点就是看出别人是如何掩饰自己的。只要你能从对方的言行举止中看出破绽，那么你就能洞察他人心理了。也只有看透了对方，你才有可能防患于未然，使自己处于主动的位置。

人们由于角色的不同，展示出不同的气质、表情，那些不符合所设定角色的性情、言行、心理等因素都被他们小心地藏了起来。除此之外，人们还会因为所处的环境不同来掩盖真实的自己。人们会故意运用一些外在的行为举止来掩盖自己，企图通过外表迷惑对方。所以，要想摸透别人的心理，就必须从这些“掩盖物”着眼，看出别人是如何掩盖真实的自己的。

当然只具备卓越的观察力是远远不够的，如果没有缜密的心思，你依然看不到对方的细微变化。这时候，就需要你从对方日常行为举止、言谈措辞

的细微处看透对方内心的想法。

俗话说“察见渊鱼者不祥”，洞察了别人的秘密，并不见得都是好事，甚至有可能惹祸上身。对每个人来说，心里隐藏的真实想法是最秘密的，如果不是自己主动袒露出来，是不希望被任何人发现的。如果让对方察觉到你已经读懂他的心，那就无异于给他脱光了衣服，让他赤裸裸地站在你面前，就算是忍耐力再好的人，也会愤怒的。因此，千万不要让对方察觉到你已经读懂了他的心，这样可以避免一些不必要的麻烦。因此，在我们开始读懂他人心思之前，就要打好“预防针”，学会“察人于无形”。不要让对方察觉到你已经知道了他的秘密，否则就失去了看穿人心的意义。

实际上，只要在平时的生活中多多练习，就一定能够迅速地洞察对方的心理。当然，除了读懂人心之外，能够针对每个人的不同心理进行对我们有利的引导和掌控也是十分必要的。

也许你能够很清晰地知道与自己接触的每一个人的想法，你也知道应该往哪方面去努力，然而努力的过程怎样才能更轻松、更顺利、更巧妙呢？这就需要你好好读一读这本书了，相信通读这本书之后，你会对人际交往有另一番理解，并能够运用最基本的交际技巧，为自己的工作、生活提供多一些机会，多一层保障！

上篇◆行为心理分析

○○○ ○○○

当今社会，每个角落都充斥着竞争，生活在这个环境中的人们无一例外地都戴着面具，演着符合自己角色的戏。很多时候，你在人前的一言一行已经不再取决于自己原本的性格特点，而是取决于你想在他人心目中呈现的形象。每天你都和不同的人打交道，这些人中有你的朋友也有你的敌人，有你的上司也有你的下属，有你的同事也有你的对手。这些人中有性格开朗的人，也有性格孤僻的人。

面对那些戴着面具的人，唯一的应对之道就是从细枝末节之处读懂他，只有读懂了他的心思，你才能占据主动地位。诸如言谈举止、吃喝态度、生活习惯、兴趣偏好等。你可以通过这些细节来揣摩、判断对方的心理，然后运用正确的策略予以应对，从而赢得交际中的主动权。

言辞方式：从一言一语解读他人心思

言辞是思想的载体，思想是言辞的灵魂。正所谓“言为心声”，一个人的所想及所思都会直接反映在其言辞举止上，两者在相当程度上有着密切的关系。一个人的言谈举止，可以从侧面反映他为人处世的态度和生活理念。我们可以通过一个人的言谈举止，大致了解他的性格特征。一般来说，不同的说话方式代表着不同的个性，那些对你过于谦恭的人往往对你持有戒心；经常说错话的人总是说一套做一套；爱唠叨的人喜欢追求完美……总而言之，只要我们学会了这些技巧，就可以根据对方的言谈举止来读懂他了。

说话方式不同，个性有差异

在日常生活中，每个人的说话方式都不一样，而一个人的说话方式在一定程度上直接反映了一个人的性格特征。我们可以通过对方的说话方式，来判断他的性格特征。另外，几乎每个人都有几句经常挂在嘴边的口头禅，而这也在一定程度上反映了这个人的个性。

1.不同的说话方式反映不同的个性

有的人说话声音比较大，而有的人说话声音比较小；有的人说话速度快，有的人说话速度很慢；有的人说话惜字如金，有的人说话声音发颤。这些不同的说话方式代表着人们不同的个性。

（1）说话声音大的人。

一般来说，说话声音大的人常常让人觉得口无遮拦、脾气直爽，是一就说一，是二就说二，绝不把话憋着、藏着，如果想让他们把话憋在心里那比登天还难。他们的性格是开朗、大方、直爽，但是有点莽撞。如《三国演义》里的张飞、《水浒传》里的李逵，都属于这种人。其实，虽说他们貌似莽撞，却往往是大智若愚型，他们的头脑和人品都值得信赖，是成为知心朋友的不错人选。

（2）说话声音小的人。

说话声音小的人，有很多种类型。有的人习惯凑到你的耳边窃窃私语，这样的人喜欢窥探他人的隐私，经常是流言飞语的制造者；有的人说话时神神秘秘、左顾右盼，这样的人口是心非，度量狭小；有的人说话不紧不慢，声音虽小，但字字都能清晰地传到你的耳朵里来，这样的人比较有心机，但心态也略显沉稳，是很值得把重要的事情托付给他的人。

（3）说话速度快的人。

有的人说话速度很快，像打机关枪一样。这样的人大多性格活泼、思维敏锐、感觉灵敏，对于别人的言行话语领悟较快，反应敏捷、迅速。不过，有时也会因为“快”而惹出不少麻烦事情。由于反应比较快，有时会在对方没有说完话的时候就轻易下结论，导致对他人的误解；有时还没有想好怎样回答就脱口而出，导致自己陷入困境；有时他们会在对方试图解释的时候打断对方，导致矛盾激化或者不欢而散。

(4)说话速度慢的人。

说话速度慢的人，性格都比较沉稳。他们会把自己的情绪隐藏起来，不在别人面前大喜大悲。他们在处理事情的时候，考虑得比较周全，希望做到万无一失。他们一旦认准了奋斗的目标，就绝不会轻易放弃。虽然有着这样的“倔”劲，但是天性做事沉稳的他们却总是碰到好运气，很少会失败。

(5)说话冷冰的人。

有的人说话一句一顿，像雪山上的冰柱一样，冰凉坚硬。这样的人表面看起来显得比较“冷酷”，给人的感觉冷峻、严肃、不好接近，但这只是表面现象。其实，在他们的情绪里一直有一团火在悄悄地运行，表面上看起来唯我独尊，其实他们的内心极不自信，并且有着很强的焦虑感。

(6)说话惜字如金的人。

有的人说话惜字如金，别人跟他说了好多话，他才回答简短的一两句，似乎对你的问话无动于衷。他们常常给人的感觉就是显得很不礼貌、目中无人，其实并不完全是这样，他有可能是真的不太善于讲话，习惯默默地做好自己手头的事情。如果非要他开口说话，他只能简单地说几句，虽然语句不多，音调变化不大，语言也很朴素，但是这些话都是他的心里话，细细品味，就一定会让你信服。

(7)说话时声音发颤的人。

有的人说话时声音发颤，甚至会全身上下一起发抖，这并不是与生俱来的声音，也不是唱歌时发出的颤音。这是由于他的内心非常紧张，精神也处于一种高度的焦虑状态，他希望能尽早结束自己的发言和谈话。这种人其实是极度不自信的，他们在事业上也容易遭受挫折。

2.不同的口头禅表现不同的个性

现代心理学研究发现：口头禅看似随口说出，其实跟说话者的性格、生活遭遇或是精神状态密切相关，口头禅也影响着其他人对说话者的感觉。从这个意义上说，口头禅其实也不是完全的无心之言，它其实是一种内心真实想法的表达，反映着说话者的心理状态和性格特点。从不同的口头禅里，我们可以洞察出对方的心理特点。

(1)习惯说“说真的、老实说、的确、不骗你”。

有的人习惯说“说真的、老实说、的确、不骗你”这类的口头禅。如果他在谈话过程中反复强调自己是在“说真的”、“老实说”，来刻意表明自己的诚实可信，这说明他担心自己表达出来的语言会被别人误解。

这样的人性格有些急躁，内心经常会显得愤愤不平。不管是对方对自己所陈述事件的评价还是对方对自己的评价，他都会十分在意，所以一再强调事情的真实性，自己的诚实。他们希望自己被认可，并得到很多朋友的信赖。

(2)习惯说“应该、必须、必定会、一定要”。

有的人习惯说“应该、必须、必定会、一定要”这类的口头禅。这类的口头禅具有较强的命令性和确定性，经常说这类口头禅的人，做事情显得很理智，比较冷静，并拥有较强的自信心。

(3)习惯说“听说、据说、听人讲”。

有的人习惯说“听说、据说、听人讲”这类的口头禅。很明显，这类口头禅的最大特点就是推卸责任，说这类口头禅的人，是在告诉别人，现在他所说的话语并不是发自他的内心，其实只是道听途说，如果你因听信这些话而造成不良后果的话，他是不会负责的。

喜欢说这类口头禅的人，做事时给自己留有余地。这种人的见识虽广，但却缺乏决断力。他们处事圆滑，时刻为自己准备着台阶，但有时也会被矛盾心理所困扰。

(4)习惯说“可能是吧、或许是吧、大概是吧”。

有的人习惯说“可能是吧、或许是吧、大概是吧”这类的口头禅。这类口头禅的特点就是模棱两可，经常说这类话的人，总是掩饰自己的真实想法，有较强的自我防卫意识，不会将内心的想法完全暴露出来。在处事待人方面很冷静，所以工作和人事关系都不错。

(5)习惯说"但是、不过"。

有的人习惯说"但是、不过"这类的口头禅。"但是、不过"是带有转折意味的连词,习惯说这样的话的人,总会用"但是、不过"后面的内容来为自己作辩解;同时,"但是、不过"后面的内容也为说话者提供了一种保护,给自己前面的话语留下了足够的余地。

(6)习惯说"啊、呀、这个、那个、嗯"。

有的人习惯说"啊、呀、这个、那个、嗯"这类的口头禅。有这种口头禅的人,是反应较迟钝的或是比较有城府的;也会有骄傲的人爱用这种口头语,这是因为怕说错话,需要时间来思考。通常来说,这种人的内心常常是很孤独的。

言辞过于谦恭可能对你心怀戒心

人们在进行人际交往中所用的语言可以拉近或推远彼此间的心理距离。事实上,任何人际交往都是在交际双方所构成的心理距离中进行的,适当的心理距离有助于人际交往取得成功。如果你想使你的人际交往能够顺利、愉快地进行下去,那么有分寸地使用恭敬的语言是很有必要的。这些谦恭的语言要依时间、场合、目的微妙地表达,适当地加以运用。俗话说:"过犹不及。"如果你在人际交往中所用的言辞过于谦恭,会显得十分造作,给人一种很虚伪的感觉,而且这样做会让对方在内心深处对你持有戒心。

在日常生活中,我们在与他人最初交往的时候,可能会使用一些谦恭的言辞,如"您"、"请"、"劳驾"、"谢谢"、"辛苦了"、"请多多关照"等敬语。此时双方不是很了解,显得十分陌生,所以都会在言辞上彬彬有礼、小心翼翼。而如果通过进一步的交往已经变得较为熟悉了,就会忽视掉这些敬语,直接用日常语言进行有效地交流。所以通过对话,就能了解谈话双方关系已经到了何种程度。比如,一对男女朋友,刚开始见面的时候,双方都会用一些

敬语,男性一般都会表现得很有礼貌,而女性也会显得十分矜持。一旦他们的恋爱关系确定了下来,在一起相处的时间久了,就会省掉那些"繁文缛节",彼此有什么话就直接说出来,情侣之间使用的语言都是极为亲昵的话语,甚至有的语言已经成为了他们爱情秘密的一部分,旁边的人是听不出所以然来的。所以说,我们在日常交谈中能通过对敬语的使用判断出彼此之间的关系。

那些在人际交往中过分谦恭的人,他们在与人交往的时候,总是低声下气,总是用恭敬的语言、赞美的口气说话。你与他们初次交往的时候,你可能会觉得对方也许是不好意思的关系,虽然感觉怪怪的,但不会对他们产生厌恶。然而随着你们交往的日益深入,你就会逐渐觉得这种人的态度让人气恼不已。这时你对他的评价大多变为:"这家伙原来是个口是心非、表面恭敬,却一直对我有戒心的人!"总而言之,那些对你过分谦恭的人往往对你是有戒心的。而造成这种情况的原因有很多,可以从以下几个方面来看。

1.你们之间有了新的障碍

日本语意学家桦岛忠夫说:"敬语显示出人际关系的亲疏、身份、势力,一旦使用不当或者错误,便扰乱了彼此应有的关系。"因此,如果是在无关紧要或很熟悉的人际关系中,我们根本没有必要使用敬语。不过,如果是在很亲密的人际关系中,有人突然使用敬语对你说话,那就要小心了。是否在你们之间出现了新的障碍?有可能是你无意之中把他得罪了而毫不知情,但是对方心里对你已经产生了距离感,于是言辞上对你使用"敬语"来疏远你。

2.对你怀有敌意

如果在交谈中对方常常无意识地使用敬语,就表示双方之间心理距离很大,关系比较疏远。而如果对方过分地使用敬语,就表示对你怀有激烈的忌妒、敌意、轻蔑或戒心。比如,当一个女人对男人说话时,使用过多的敬语,绝对不是表示对他的一种尊敬,而是表示出一种敌意,她有可能表达出来的意思是"我对你一点感觉也没有"或是"我根本不想和你这样的男人接近"等。

如果你与有些人已经交往很久了，彼此的了解也很深刻了，但是他依然运用客气与亲切的措辞，说话的语气十分谨慎，甚至会过多地使用到很多恭敬的语言，在这样的情况下，对方不是心里苦闷，就是心中对你怀有敌意。

3.企图控制对方

如果有人在与你交往的时候，故意使用谦逊与客气的言语。他们可能是企图利用这种方式和态度闯进你的心里，突破你的防备心理。实际上，他们之所以产生这种行为，其心理动机在于企图控制你，实现自己居高临下地与你进行交流的目的。

法国作家拉伯雷说："外表态度上的礼节，只要稍具有知识即能充分做到；而若是想表现出内在的道德品行，则必须具备更多的气质。"很多人无论是言辞方面还是自己的行为，总是恭恭敬敬，这样的情况也可以说是由于某种气质的欠缺。当然，我们在与人交往的时候，有分寸地使用敬语，这是一种礼貌的表现，也是建立良好人际关系的方法之一。但是，"殷勤过度，反而无礼。"人与人之间的礼貌，有其固定的形式、程式以及言语措辞，这是每个人都必须遵循的。如果对方突然对你过分谦恭，那么你一定得小心了，他已经对你开始怀有戒心了。

一般来说，大凡那些习惯于用谦恭的言辞的人，他们以令人难以忍受的过分谦恭的态度对待他人，内心往往积聚着对他人的强烈攻击欲。也许他们在幼儿时期一定受过父母严厉而又错误的教育，尤其是有关礼节方面的。所以，那些在一般人看来正当的欲望，却不被他们的良心所认同，这就在一定程度上导致他们产生了罪恶、不安和恐惧等感觉。于是，他们便将种种不被良心认可的欲望、冲动和情绪全压抑在内心深处。但是，他们内心有种恐惧，担心那些越积越多的被压抑的欲望、冲动和情绪有一天会形成强大的攻击冲动而发泄出来。他们直觉地意识到这一点，所以决定用谦恭的言辞来掩饰，企图进行自我心理防卫。

不同的粗口背后的心理含义

我们在日常生活中各个场合、聚会上，都会听见一些粗口，那些不堪入耳的话就这样顺势进入我们的耳中。其实，说“粗口”是和说话者本身的成长环境，家庭的潜移默化以及个人的修养，还有内在和外在的文化素质是否协调统一分不开的。

很多人喜欢说“粗口”，有各方面的原因。有可能是因为习惯，有可能是一种愤怒地言语表达，有可能是素质低下，有可能纯粹是一种心理上的满足，还有可能是游戏的心理。当然，对于不同的粗口有不同的心理意义。

1.出于习惯

在现实社会中，说“粗口”对于某一部分人来说是一种习惯，当然与个人素质也有一定的关系。其实，有时候“粗口”，不一定等于读书少，或者没教养。比如，很多淳朴的劳动人民，虽然经常说“粗口”，但是心地是善良的。他们说的“粗口”已经融合进生活中了，成为了一种习惯，成为了表达他们喜怒哀乐的语言媒介。所以，这一部分人说“粗口”是一种习惯，就像是口头禅一样。在某种情况下，他们是不自觉地说粗口，对别人没有任何的实际意义。

2.愤怒的表达

有人说：“名人，斯文的人，在说到‘小人’时已经无法用什么词来形容了。”因此，在这时候用“粗口”对小人比较贴切。比如大家都很熟悉的台湾名人李敖，读书太多了，可以说是“满腹经纶”，但是在谈到“小人”的时候，还是忍不住要讲“粗口”，听众对此的反应是“热烈鼓掌”，认为李敖说出了民众的心声。当然，生活中的李敖也不讲“粗口”。而有些说粗口的人，只是自制力不够，口不择言。

3.为了发泄心中的不满

人们聚在一起，特别是很多男人，比较容易说一些“有伤大雅”的粗话，而他们尤其偏爱涉及禁忌的词汇，例如与性行为有关的语言，或牵涉排泄物的词汇。在他们看来，好像只有说几句“粗口”才能体现男子汉的气概。其实，他们说粗口的主要原因是内心的欲望得不到满足。

现实中，有些人，谈吐文雅，外表斯文，可内心却是险恶、肮脏的。他们在平时的表现是彬彬有礼、恪守规矩，不轻易动怒。而在某些时候喜欢口出秽言的人，他们主要是属于心理某些方面存在着偏执的人。他们在平时就显得焦躁不安，内心有众多不满的情绪，却没有办法来发泄，所以一天、两天之后，经过长年累月的积压，只要碰到偶发事件，一旦他们逮到机会，不论何时、何地、何人，他们借题大肆发挥，一样照说不误。有时候，即使说话的人不是存心的，但对听者来说，心里却很不好受。这种因欲求得不到满足而产生的粗言恶语，说话的人在说出口的时候，并没有考虑到会带来的后果，至于是否会伤害到别人，他们更不会考虑到了。

4.寻求心理上的平衡

如果从温文尔雅的女人口中说出一些不堪入耳的粗口，这是十分难以让人理解的。但是近年来，女性亦毫不逊色于男人，也学会了爆粗口，甚至变得更加厉害，有的女人说得出比男人说得更露骨更难听的下流话。其实，这就好似妇女解放运动时期极典型的女性心理特征。如果我们站在女性的立场上看待这种现象，就会明白其心理动机是希望表现得像男人一样，其实就是为了寻求心理上的某种平衡。她们会想“为什么男人可以说，而我们不能说”，于是，她们也像男人一样说粗口，这可以给她们一种与男人并驾齐驱的感觉。

5.只是种游戏

我们在生活中不难发现，那些孩子们特别是男孩子也爱说粗话。这是为什么呢？如果孩子们在父母面前说粗话，毫无疑问，一定会受到父母的训斥。所以，这时候“粗话”就只能变成孩子们和同伴之间在互相游戏时的用语。孩子们都知道“那种话”并没有恶意，只是一种游戏，而这种游戏可以让他们顺利摆脱父母教训的逆反心理。在小伙伴面前自由地说“粗口”，甚至可以让他们觉得自己也能像大人一样说话，自己看起来也像个大人。

可见，所谓粗话，大多是为了发泄内心的不满，有的也是出于习惯，或是一种愤怒的表达，或是寻求某种心理平衡，一般并不具有特殊的意义，同时又不对大家的身体造成实际上的伤害。所以，除了那些想给你致命打击而事先在内心计划好的蓄意性言语，对于别人的粗言恶语，最好充耳不闻。

有口误的人可能喜欢说一套做一套

心理学家弗洛伊德认为，说错、听错或者写错等"错误行为"，都是将内心真正的愿望表现出来的行为。我们在日常生活中，相信每一个人都有在无意识中说出奇怪的话的经历。当那些违背本意的话语脱口而出，我们才追悔莫及。但是，这时候，你仔细地想一下，就会发现那些看似说错的话，实际上就是我们内心最真实的想法。所以，在生活中那些经常说错话的人，其实就是表里不一、说一套做一套的人。

一般情况下，当人们意识到自己说错话了，他们都会尽量为自己找一些借口，表示自己所说的那些言语是因为"不小心"，并"不是真心的"，但实际上，那不小心说错的话才是他们真正想说的，这在日常生活中，可以说是屡见不鲜。由此可见，那些常常会说错话的人，我们可以推断为大部分是习惯隐藏真正的自己，是个表里不一的人，而且，他们心中很强烈地禁止自己把这些真心话说出来。但是，有时候那些越想克制说的话，却往往在不经意间而随口说出。于是，他们在说错话的那一瞬间，面部表情是显得极为不自然的，而且有些人还会马上及时补救，想挽回说出的话，怎奈越想解释却越描越黑，这时候，我们不得不明白原来他是个说一套做一套的人。

我们在说话的时候，通常都有这样一些想法："这件事绝对不能讲出来。""这事绝不能弄错，非小心不可。"其实，当你越这么想的时候，便越容易将它说出来。相信很多人在日常生活中也遇到过类似的情形，越是被禁止的东西，越想压抑它，就越容易流露出来。

其实，在现实生活中，每个人都是善于隐藏自己的，而语言是经常被他们用来隐藏一些内心的真实想法的手段。换句话说，就是他们在说话的时候，心中正在思考的是一个想法，想说出口的却是另外一个想法。而当这两种矛盾的想法在内心做挣扎的时候，就会一不小心把心中的真实想法说出口。因此，如果在生活中碰到那些经常说错话的人，你就要小心对方了，他们极有可能是当面说一套，背后做一套的人，而那些说错的话才是他们内心真实的想法。

总而言之，每个人在心中都隐藏着一些真实想法，当你越想去隐瞒它、掩饰它的时候，就越容易说错话或做错事，无意之间就会在别人面前泄露你的心虚。

爱唠叨的人也许有完美主义倾向

在日常生活中，我们经常会碰到一些爱唠叨的人，他们经常会抱怨说这个没有做好，那件事情哪里又出了差错。从早到晚，他们的嘴巴似乎就没有休息过。他们总是对生活中的每一件事情进行挑剔，甚至是一些微不足道的小事。其实，这类爱唠叨的人都是追求完美的人，他们对生活中的每一个细节都苛求十全十美，见不得任何一点点的瑕疵。于是，当生活展现在他们面前的时候，他们就会发现生活中很多不如意的事情，由此生出一些抱怨、唠叨。

为什么有的人特别喜欢唠叨、发牢骚呢？其实，人生在世，不如意事十之八九。当他们一遇到那些不如意的事情，自然也就觉得有满腹的牢骚，喜欢唠叨了。我们不难发现，很多上班族喜欢在喝酒时发牢骚话，有时候真是唠叨个没完没了，一发不可收拾。他们大多会就生活、工作上的事情进行唠叨："我们老板的脾气真差，恨不得我们的一言一行都按他的想法来，事实上很多时候明明知道自己是错的，还希望我们坚持下去"或者是"那家伙也真是令人讨厌，既然没有做这件事的能力就早说嘛，现在事情搞成这样子才来找我们，真是一点也不把我们放在眼里。"在他们心里，更希望生活能够按他

们的想法来进行，这样才能够十全十美，完美无缺。

那些经常对生活充满抱怨，喜欢唠叨的人，大多是属于追求完美的人。他们凡事都要求高水平、高理想，并时常在脑海中描绘完美的蓝图，由于现实与理想之间的差别，于是就对现实生活充满了抱怨，自然也就开始唠叨不断了。一般来说，那些喜欢唠叨的人，通常是希望自己能过上理想的生活，甚至于成天沉迷于幻想的世界中，对于现实的问题则采取漠视的态度。

这些经常唠叨的人，在他们的心目中，总认为自己是最完美、不会出错的人。因此，在某种程度上说，这种类型的人是非常难相处的。在他们当中，其实有许多人并非缺乏自信。相反，他们总是充满自信地认为，自己的表现完美无缺，因此常会愤世嫉俗地认为：他们怎么总是这样，什么事情都做不好，什么事情都不能够让自己满意。其实，如果他们能够早一点认清事实，了解自己本身其实也并不是十全十美的，他们就会对别人少一点苛求，少一点唠叨了。

在那些喜欢唠叨的人之中，很多都是一些怀才不遇的人。他们本身是很有能力的，但因为人际关系不好，而被周围的人所孤立，所以无法受到重用，无法取得更为长远的发展。而他们的人际关系差的主要原因也是由于他们喜欢唠叨，当身边有人在的时候，自己就可以整天唠叨，事事抱怨，但是没有谁愿意听别人的唠叨，也没有人受得了整天唠叨的人。因此当身边的人受不了你唠叨的时候，他们就会一个一个地离开，对你敬而远之，最后只剩下自己孤单一人时，你就应该警觉到其实自己也并不是完美无缺的人。

其实，我们换个角度想，如果世界上没有这些爱唠叨的人存在，那么所有人都有可能安于现状，不求进步。而正是因为有这些会唠叨、敢批评的人存在，才能让人们更加努力地去追求完美。比如说父母，老是在我们耳边唠唠叨叨，但是如果没有他们的唠叨，我们就会在成长的路上多走一些弯路，少一些成功的机会。正是他们的唠叨，才能够使我们避免一些不必要的麻烦。因此，那些老是喜欢唠叨的人虽然显得有些啰唆，但在挑他人的毛病、找他人的缺点方面，却拥有傲人的才能、敏锐的眼光，所以有时候你不妨侧耳倾听，或许会有意想不到的收获。

从一个人的声气了解他的“生气”

人的声音包含各种要素，而声调是很重要的要素之一，说话的声调即是声和气的综合。通常来说，那些说话比较大的声音，具有某种权威性，可以打消别人的气焰，达到控场的作用；然而，有些小的声音有时更能发挥作用，因为声音小会更加吸引人们的注意，去听清楚你到底表达的是什么。当然，一个人的声大声小都需要一些姿势辅助，这样效果才会更好。

其实，发声方法对音质有很大的影响。如果你在说话时采用鼻子产生共鸣，声音如泣如诉，无形之中会给人傲慢的印象；而如果采用胸腔来产生共鸣的话，由于发声方法的改变就会使声音变得丰富而强有力。除此之外，一个人说话的速度也影响到交谈双方之间的交流。那些说话速度太快的人，会很容易给人似乎有某种急事或有某种迫切感的印象，这就会让对方感到你个性比较焦躁、语序也比较混乱甚至有些粗鲁。而那些说话缓慢的人，表面上给人沉稳、深思熟虑的印象，但语速太慢也会给人一种犹豫不决或漫不经心的印象，甚至有时候还会表现出消极的意义。

总而言之，一个人的声气会透露他的“生气”。无论是在生活中还是工作中，我们都可以从声气中识人，从对方的声气中辨别出对方此时此刻的情绪及性格特征。

1.轻声小气说话的人

在与人交谈时，这种声气可以有效缩短人与人之间的感情距离，加深双方之间的关系。这是因为，轻声细气说话的人常常会给人一种谦恭、谨慎与文雅的印象，这无疑容易引起对方的好感。而且有时候，它还能避免一些因为语言不当而引起的麻烦。但如果用它来公开坚持意见、反驳别人或者维护正义和尊严，则是不恰当的。

2.唉声叹气说话的人

一般来说，经常唉声叹气的人心理承受能力较弱，缺乏自信心和勇气，一旦遭遇挫折和困难，便会充满了沮丧的情绪，颓废不堪，甚至从此一蹶

不振。

孔子去齐国途中，听到一阵十分悲哀的哭声，于是对弟子说："这个哭声虽然很悲伤，但不是悼念死人的哀声。"随后，孔子下了车，问起他的名字，他说他叫丘吾子。孔子又问："这里不是悲哀的地方，你为什么哭得这么悲伤呢？"丘吾子长叹一声，回答说："我一生有三大过错，现在年老了才深深觉悟到，但追悔莫及，因此痛苦。"

孔子不明就里，便一再追问，丘吾子才说："我年少时爱好学习，周游天下，等回来时我的父母都死了，作为儿子竟不能为父母养老送终，这是第一过失；我做齐国臣子多年，齐君现在奢侈骄横，我多次劝谏都不被采纳，这是第二过失；我生平交友无数，不料到后来都绝交了，这是我第三大过失。树欲静而风不止，子欲养而亲不待。去而不回的，是时间；不能见到的，是父母。我是个大失败者，还有什么脸面活在这个世上？"说完，丘吾子便投水而死。

一个人到了因悲伤而自杀的地步，我们可以想象他所处的情境是如何的悲惨。而孔子正是从其"唉声叹气"的声气中识别出丘吾子的哭声不是为了悼念死者，而是另有其他原因，这里不难发现孔子的识人之能。

3.和声细气说话的人

"和声细气"这种声和气，就像是小河里的涓涓细流，轻松自然，和蔼亲切，不紧不慢，能给对方一种舒适、亲密、友好、温馨的感觉。人们使用"和声细气"，常常是请求、询问、安慰、陈述意见的时候。和声细气地说话，可以展现出男性的文雅大度和女性的阴柔之美。如果是"和声细气"说话的男人，他必定是厚道、宽容、胸襟宽广的；而如果是"和声细气"说话的女人，她必定是温柔、善良、善解人意的。特别是运用"和声细气"来抒发情感的时候，更具有一种迷人的魅力。

4.高声大气说话的人

人们用"高声大气"的声气来召唤、鼓动、强调某件事情，或者是表达自己激动的心情。"高声大气"通常用来表示极度的兴奋或者激情澎湃的情绪，同时也能表现出说话者的性格。一般来说，这样说话的人大多富于激情，十分粗犷豪放。比如《三国演义》中的张飞，他性格中的粗犷、勇猛、爽直等品质一直深深地吸引着读者。他说话就是高声大气的类型,尤其是在长坂桥一役,曹操带领大军追赶赵云。张飞骑着马站立桥头,怒目圆睁,厉声大喝:“我乃燕人张翼德也,谁敢与我决一死战!”声音如雷,将曹军部将惊得肝胆欲裂,倒跌于马下,曹操也领着大军回马走了。

第2章

吃相醉态：从饭桌上了解他人隐藏的一面

食物是人们最基本的物质需求，反映在饮食、吃喝态度上的风俗习惯真可谓是丰富多彩。所以，我们完全可以通过对方的饮食习惯、吃喝态度读懂他的心思、习惯和性格。我们可以通过对方喜欢的食物及口味来读懂他，也可以通过对方在醉酒后作出的反常举动来读懂他。一般来说，那些醉酒后喜欢打电话的人内心是孤独的，那些经常请客的人自我满足欲望强烈，而喜欢买罐装食品的人防范意识很重，还有那些嗜好零食的人其实最害怕孤单。我们身边的每一个人在对待吃喝上都有不同的态度，你通过仔细观察，就可以发现他在吃喝态度上的一些特征，进而就能推断出这个人的一些习惯及其性格特征。

一个人喝醉之后喜欢打电话意味着什么

生活中，细心的人会发现，一个喝醉酒的人常常会猛打电话，并且会在不适合打电话的时间打电话，这是什么原因呢？其实，这些人的心理，是希望能和更多的人交往、沟通，借以发泄内心的不满情绪。我们经常可以在夜晚的街道上，看到一些醉汉漫无目的地闲逛，有时也可以看到他们无缘无故地骚扰行人，这些行为，无非是想诉说自己的孤独而已。所以，那些醉酒后喜欢打电话的人，其实他们的内心是很孤独的，他们渴望得到别人的关怀。

酒醉后的人，经常会自以为想起了一件十分重要的事情，就打电话给别人想说一说自己想起的那件事情，而且他们打电话是没有时间限制的。但是接电话的人，却经常会被他们那些所谓的理由弄得哭笑不得，特别是半夜三更接到电话，更是令人感到不胜厌烦。那么，为什么会造成这样的情况呢？

1.渴望得到朋友的关怀

我们仔细探讨这些人的举动，就可知道在喝醉酒时打电话的人，完全是因为孤独，需要他人的关怀，尤其是来自朋友或最为亲密的人的关怀。那些借酒麻醉自己的人，为了使自己的身心得到解脱，摆脱所在群体给他带来的束缚，所以会出现深夜打电话来博取别人注意的行为。在这种情况下，他们只是为了发泄平常内心的不满情绪和苦闷烦恼，或者借机发泄平常和上司、同事间的不愉快。虽然他们看起来，好似无意识，但是他们心里有更为清晰的渴望，那就是获得朋友或亲密的人的安慰，所以他们的无礼举动，多半都是对与自己关系亲密的朋友或亲人而言。

由于平时一天接着一天，通过日积月累积攒起来的不满情绪和紧张心理，一旦他们脱离群体时，就会想方设法地进行释放。而这种感觉，平常是被压抑的,所以借着酒醉,内心就想挣脱束缚。于是,为了消除内心的孤独感和郁闷情绪,渴望得到来自别人的一些关怀和注意力,只好打电话给他的朋友,这就是其行为产生的心理动机。

2.非常识的行为

其实,喝醉酒打电话是一种“非常识的行为”,因为喝醉酒的人已经不被人与人交往应有的常识规范所束缚。所以他们会在不适当的时候打电话,比如深夜一两点时,毫不顾虑别人的作息时间打电话给人,而对方听到的只是醉汉的喊叫声,或夹杂着喧闹的音乐声。而且,他们还会说些不同于平常的话语,比如他们会说:“我现在正在喝酒,你给我马上过来,我会一直等到你来陪我为止。”

当你接到这种电话时,即便置之不理将电话挂断,对方还是会坚持再打来,并且振振有词地说:“你真是太不够意思了,对我一点都不关心!”等,说一些令人厌恶的话,如果再加上电话里夹杂着吵闹、酒醉的杂乱声,更会让接电话的人情绪恶劣。

那些喝醉酒猛打电话的人,其实他们的心态已经脱离了现实,和接电话的人在想法上有很大的差别。喝醉酒猛打电话的人有强烈的说话欲望,而接电话的人则会因为被打扰而显得不耐烦,两人当然话不投机。如果你认为,对方既然已经喝醉了,只要随便说些应付他的话敷衍过去就算了,这通常是一般人的处理方式,但是如果你对好友喝酒时或酒后猛打电话采取容忍的态度,照顾他并且亲切地宽慰他,那么这种做法显得极为不妥。因为那些喝酒醉的人,一旦打开了话匣子,就无法停下来,他们会纠缠着你没完没了。

绝大多数的人都是生活在一定的团体或群体中,所以无法完全脱离群体,他的一切行为都处于被限制的状态。但那些喝醉酒猛打电话的人,他们的价值观和生活方式已经完全脱离了自己所在的团体和群体,因而显得行为比较异常,面对这样的人,最好的办法就是敬而远之。

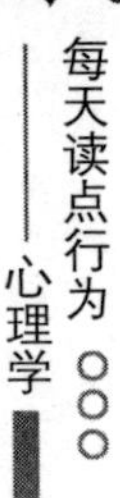

爱请客的人可能有较强的自我满足欲望

在日常生活中,我们经常会遇到这样一类人,他们喜欢经常请客,动不动就说“这次我请你们”,或者很豪爽地说“想吃点什么,随便点,今天我请客”。当他们表露出请客的欲望的时候,那种自豪感和满足感显得尤为突出。其实,每个人都希望自己拥有请客的经济能力,因为只要自己有钱请客,就可以不用担心自己不如别人。还可以在朋友或同事面前显示自己有能力的一面,所以,那些大凡喜欢经常请客的人拥有一种强烈的自我满足欲望。

小李是公司里公认的慷慨人物,主要原因就是他经常喜欢请客。经常会看到他在下班后,邀请着一个办公室的同事们去吃饭或是到酒吧去玩。通常情况下,都是由小李埋单。其实,大家一起出去吃喝玩乐,消费完全可以进行 AA 制,最初同事也都建议说费用大家一齐平摊。但是,每当埋单的时候,小李就显得特别热情地说:“我来吧! 今天玩得很高兴,我请客!”

久而久之,大家都习惯了,所以每一次出去玩都是小李一个人埋单。有的同事见有便宜可赚便不再言语埋单的事情,并且乐意享受这样的待遇;而还有的同事感觉老是小李一个人埋单,显得自己很不如人,于是干脆在下次出去玩的时候找借口避开了。

而小李本人呢? 其实也是有苦说不出,由于自己追求一种满足感、虚荣感,为了能在同事们面前表现出大方慷慨,自己不得不在日常开支中节省一点。

小李之所以特别爱请客,最主要的原因就是想获得一种满足感。对他来说,虽然用于请客的开销很大,但是每次请客的时候,他还是对那种内心获得的满足感欲罢不能。他宁愿自己在平时节省一点,或者根本没有多少钱,也还是乐意请别人吃喝玩乐。

另外,我们可以观察那些被请的一方。一般来说,被请客的一方通常有两种心理。一种是别人请客,自己不用掏腰包,这从表面上看是自己占了便宜，但是让对方付钱，显得别人很有能力，一对比就很容易形成自卑感，反而不能痛快地享受；还有另一种被请客的心理，那就是认为别人请客让自己痛快享受是理所当然的，这种人大多都是不愿自掏腰包的吝啬鬼；不过除此之外，他们还有另一种用意，那就是从小在心理上形成的一种依赖别人的心理。

对于每个人来说，最早接触的人际关系是从与母亲那里开始的。我们每一个人都有向母亲撒娇的经验和权利，而这种依赖、撒娇的态度一旦固定成型，长大成人后在现实生活中也容易出现，有时就体现在接受别人请客的满足感中。而那些喜欢请客的人，即便他们的立场是出于好意，是主动邀请对方一起吃饭，但其心态和接受自己好意的对方也是一样的，这样一种心理与那些过度保护孩子的母亲的心理是非常相似的。

很多母亲会过度保护自己的孩子，甚至达到溺爱的程度，她们什么事情都替孩子做好，从表面上看虽然做母亲的比较辛苦，但是其实母亲之所以有这样的行为是有其原因的，主要想通过这样的行为来满足自己的心理欲望。当母亲们还是孩子的时候，她们也受到了自己父母的呵护，那种受呵护的心理满足感一直跟随着她们，等到自己做了母亲，她们就会把自己的孩子当成自己欲望满足的对象。于是，我们看见这样的母亲都不禁为她的母爱而感动，但是她的实际行为是企图通过过度保护孩子的方式来满足其心理欲望。而那些之所以喜欢请客的人，和喜欢被人请客的人凑在一起，就如同过分保护孩子的母亲与向母亲撒娇的人，他们彼此就各有所需，分别都得到满足了。

很多人特别爱请客，归根结底他们是想从请客的过程中获得一种满足感。这种满足感可能是一种优越感、自豪感，可能是为了表示对朋友的谢意，可能是有事相求于朋友，也可能纯粹是为了增进朋友之间的感情。于是，他们乐意借着种种理由请客，使自己获得一种满足感。甚至有时候根本就不存在请客的理由，大家完全可以 AA 制消费，但他就是喜欢付钱，并且还一边拼命制止别人。这时如果有人表示拒绝，他还会露出不高兴的神情，并责备说："你真是太见外了，太客气了，我付还不等于你付啊，大家都是自己人！"你可以从他的表情和说话口气来看，他真的不像是虚情假意，简直已经完全沉醉于请客所带给他的满足感中。

所以当我们看到那些其实身上并没有多少钱，却总想办法、找借口请客

的人,就应该清楚他们的心态处于一个怎么样的状态,只要他们不是别有所图,你完全可以接受他们的好意。

喜欢买罐装食品的人可能防备心较重

在生活中,我们细心就会发现很多人喜欢买罐装食品,他们在逛超市的时候,总是对那些已经包装的食品有兴趣,而不屑于那些散装的食品。他们的购物车里,总是塞满了罐装啤酒、盒装的牛奶、桶装的方便面,他们甚至乐于吃一些盒饭而不愿意进餐馆。其实,这类人的防范意识很重,他们在心里对自己的生活有一定范围的认定,一旦超出了他们生活的界限,他们就会不予理睬,不愿意去接受,而是愿意坚持自己固定形成的想法。

有时候,我们经常可以发现,当火车即将开动时,有些乘客会买一大堆罐装啤酒、果汁或盒饭入站。而他们对自己的这种行为,自然准备了各种各样的理由,他们会说:"这会比在车上买便宜"或"如果在途中想吃东西的时候怎么办,可以事先做些准备。"事实上,这类人的行为直接透露了他们较重的防范意识,他们的购买行为,潜藏着很多内在的复杂的心理问题,大致可以分为三类。

1.有过恐慌的经历

曾经有过恐慌经历的人,比如说曾经有过缺粮的经历,他们可能在以前经常会担心第二天没有饭吃,并且这样的恐慌感是随时会出现的,尤其是在面对很多食物的时候。所以,他们为了寻求一种安全感,为了消除自己内心的那种随时出现的恐慌感,宁愿多买一些食品在身边以防万一,而罐装食物的易于方便携带的特性,使得它是最恰当的选择。他们会有这种选择行为,是由于内心深处经验教训经常提醒自己防患于未然,这样也会激发他们的购买欲望。

2.寻找安全感

离开家外出旅行的人。对这些人而言,家是一个可供居住的舒适场所,更是一个长久依赖直到老死的地方。而离开家外出旅游，对于他们来说，离开了家的港湾就显得无所适从，丧失了内心的安全感。于是，他们想通过买一些罐装食品来重新获取一种安全感。这表明他们对于家以外的世界，总是时刻怀着防范的心理。

家庭对每个人来说，都是一个安全舒适的地方，是心灵的港湾。在心理上，人们依赖家庭的程度，就如同幼时依赖母亲的乳房般。当你经过一天忙碌的工作，回到温馨气氛的家里，立即就会获得一种较为稳定的安全感；如果一个人不能依靠家庭，不能依赖家庭，那么他就没有心灵上的一种归宿感，甚至感觉已经无法生存。所以对他们而言，家庭是其可以获取安全感的地方，也是可以确认爱的地方。

3.满足自己的欲望

参加团体旅游或全家外出旅行时，购买大量食物的行为。当我们出外游玩时，就等于离开了现实的严肃生活，让自己的心灵得到暂时的松懈，让自己获得一种愉快的心情。越是快乐的旅行，就越容易勾起人们的食欲。从一个人的心理需求上来说，我们就可以发现他们急于想从罐装食品、方便食品中获得一种安全感。而有的人出差的时候，心情并不是很好，他们的食欲也不会太好。这主要是因为怀着沉重、担忧的心情，自然就不会有太过多余的时间来放松自己。

无论是从罐装食品本身，还是人们在购买那些方便食品时的心理动机，我们都能够发现他们的防范意识比较重。除了他们自己设定的生活范围及家庭，他们对外界都持有一种戒心，并努力从一些外在的表现来获得一种安全感。

从一个人醉酒后的异常行为了解他的性情

很多人在喝酒之后都会有一些比较反常的举动，有的喝了酒总是喜欢喋喋不休，“吃吃”傻笑；有的人喝酒之后，会猛敲猛打，做出的动作比较大；

有的人喝了酒会突然哭泣;有的人喝了酒喜欢唱歌;还有的人喝了酒就开始呼呼大睡。而我们可以通过他们喝酒之后的那些反常的举动,来透析其真实的性情和性格特征。

一般来说,喝酒后作出异常举动的人,多少显得有点神经质。俗话说:“酒壮英雄胆。”他们在清醒的时候,显得谨小慎微、文质彬彬、谈吐不凡;他们在日常生活和工作中,大多数对长辈或上司的命令言听计从,认真踏实地工作。但是却苦闷得不到上司或老板的赏识,甚至被小人踩在脚下,所以内心压抑的不满情绪异常强烈,于是通过喝酒把不满情绪正常地发泄出来,而通常他们在喝酒之后与清醒时相比,简直判若两人。他们在酒后喋喋不休地数落上司的缺点,犀利批评自己的同事,其实他们所说的话并不是酒后的胡言乱语,而是自己真实的感受。具体来说,人们在酒后作出的异常举动有下面几种情况,我们可以通过他的举止来判断其性情。

1.喝酒时喜欢喊“干杯”的人

有的人在喝酒时不断喊“干杯”,企图激起大家的某种兴致。这类人性格比较冷淡,性情冷漠,工于心计,平时十分在意自己的外表。平时他习惯于发号施令,给人的感觉好像很懂事,其实个性却比较倔,但看起来和蔼可亲,易于亲近。

2.喝酒之后动作很大的人

有的人在喝酒之后,就开始四处敲打,到处活动,显得动作很大。这类人性格刚强,具有强烈的反抗心,内心有强烈的欲望得不到满足因而产生一种自卑感。他们一般不喜欢受制于他人,如果有人强烈要求其配合行动,他们内心就会有种被挫伤的感觉,进而会借酒来发泄心中的不满情绪,比如摔杯子、摔椅子等。他们经常会做出让身边人吃惊的事,如果你身边有这样的朋友,就需特别注意。

3.喝了酒喜欢说话的人

有的人喝了酒老是喋喋不休,这类人性格内向,平时不多言不多语,待人接物也非常有礼貌,他们做事非常认真,比较有耐性,重视秩序,对于长辈也是恭恭敬敬,对于异性也是很认真的,绝不会轻易开玩笑。总而言之,是一个比较正经的人。因此,现实生活带给他们的压力非常大,于是他们常常依靠喝酒来减缓这样的精神压力，并且一旦喝了酒就开始喋喋不休，不时说出真情话，还会莫名其妙地“吃吃”傻笑。虽然说他们喝酒之后作出了比较异常的举动，但是如果他们不靠借酒来缓解压力的话，日积月累的压力就会随之将他们击垮。因此，当知道喝了酒就有喋喋不休的毛病时，就应该尽可能地减少自己的工作量，可以适当留一点时间来放松自己，去做一些自己喜欢的事情，平时也要学会放松自己，使自己保持愉快的心情。

4.喝了酒喜欢跟你吵架的人

有的人喝了酒喜欢跟人吵架，这种人性格比较外向，豁达直爽，嫉恶如仇，重情重义。在日常生活中，他们见到不平事喜欢出来帮忙，喜欢结识各种各样的朋友，可以说是个热血汉子型的人物。

5.喝了酒喜欢唱歌的人

有的人喝了酒喜欢唱歌，这种人性格开朗活泼，个性随和，全身上下时刻洋溢着一种活力，喜欢冒险。他们在平时的表现既显得很孩子气，却又喜欢照顾别人，他们还喜欢把工作和私生活分得很清楚。因此，他们在困难和挫折面前不会有畏惧之心，在事业上很有成就。

6.醉了喜欢哭的人

有的人喝了酒就会涌动出一种情绪，醉了就会哭泣。这种人一般性格比较内向，极富感性，在人际交往中显得比较生疏，经常会压抑自己的情绪，并且过分压抑自己强烈的感情，具有强烈的自我。他们表现出来的既是个热情的人也是个浪漫主义者。

7.喝了酒喜欢睡觉的人

还有的人喝了酒就开始呼呼大睡，这种人性格比较内向，意志力比较薄弱，这使得他们在做任何决定时都会优柔寡断，不善于交际。无论是说话还是做事都喜欢请教别人，依赖别人，自己却常常拿不定主意。

为什么有些人随时要零食相伴

在日常生活中,我们发现有的人没有零食就受不了。尤其是一些女性,似乎零食成为了她们仅次于食物的物质粮食。相信绝大多数女性都有喜欢买零食、吃零食的嗜好,她们经常会在超市买大包小包的零食,放在自己的身边,便于自己随时可以拿来吃。她们家里的每个角落似乎都能找到零食的影子,零食成为了她们生活的一部分。其实,像这类离不开零食的人,她们的内心其实是很害怕孤单的。

如果你也是一位爱吃零食的人,那么你一定有过这样的经历:当你一个人在家无所事事的时候,就会觉得浑身不自在,到处寻找一点零食。如果家里没有储备的零食,你甚至可以为了购买零食跑一大段的路。当你拿着心爱的零食,嘴里一边嚼着,眼睛一边看着电视节目,你会认为那就是最惬意的事情。其实,这就是因为你害怕一个人独处的孤单,所以才让零食带给你某种慰藉的补偿。实际上就是满足口欲来消减自己的某种孤单感,会让你认为一个人有东西吃也是一件还不错的事情。她们通过吃零食来获得一种心理上的平衡,久而久之,这就成为了一种习惯,所以一旦她们身边没有了零食,她们就会很受不了。

一位很年轻的女孩去看病,说最近四个月,她的体重增加了 20 千克,而发胖的主要原因就是吃了太多的零食。

这位女孩,毕业于外地一所文科类大学,四个月之前才来到本地。在这之前,她从未离开父母而一个人单独生活过,但因为毕业分配,不得不离开父母。对将来怀有很大的希望的她,便搬来本地,过着枯燥无味的一个人的生活。

每天,当她从工作单位回到自己的宿舍时,没有人迎接她,只有冷清、黑暗的空房子,晚餐也得自己动手准备,这就是她每天的生活。她难以忍受这极其孤独的生活,因此当她独自在屋子里时,会涌起吃的冲动,所以就开始乱吃零食,因为只有多吃零食,心理才能获得平衡。时间长了,就会形成一种恶性循环,当这次冲动刚平静,下次的冲动又会袭来,于是随着自己的冲动不断地吃,到最后一天三餐根本离不开零食,每天她都会为自己准备很多的零食。由此养成习惯后,她便是每天不停地吃零食。

不久后,除了每天吃零食以外,家里的抽屉还必须经常塞满各种零食,否则她就会感到不安。而且这种离不开零食的习惯,也被她带到了单位,办公室的抽屉里也经常塞满饼干、面包,只要一有冲动,也顾不得是否在上班,马上偷偷拿出零食来吃。

其实造成其行为的原因,源于她离开了父母,独自一个人在外地生活。当心里感觉孤寂时,找不到别的排遣孤独感的方式,只有靠吃零食才能安抚自己。所以,当很多人在失意、孤单时,便会有吃零食的冲动,有严重的甚至会出现暴饮暴食的情况。

我们常看到有的女孩子一边谈话一边不停地吃零食,她们虽然外表看起来是个成熟的大人,但心理状态仍停留在爱撒娇、未成熟的小孩子阶段。所以,像这类爱吃零食的人,除了零食吃得很多外,也很爱说话,因为说话也可以满足她们的口欲。

一个人口欲的满足是最基本的一种欲望,当她们感到孤单无助,而又苦于找不到其他的消遣方式时,于是就激发了她们最原始的一种欲望,那就是吃东西。而在这种情况下,吃其他的食物远不及吃零食来得有趣,于是零食就成为了她们排遣寂寞、消除孤单的方式。并由此形成一种固定的习惯,一旦自己处于一个人的时候,就会情不自禁地想到零食。所以,她们的生活已经离不开零食了,如果离开了零食,她们就会一下子陷入寂寞、孤单之中。所以,对于她们来说,没有零食就会受不了。

其实,那些嗜好零食的人,或者是贪吃贪喝的人,都很怕孤单,只要我们抱着一颗同情的心,就可以与他们建立友谊。

细枝末节：学会从细处看出他人内心世界

每个人都有自己独特的生活习惯，那是从生活各个方面体现出来的一种习惯；同时，它也能够反映一个人的内心世界和性格特点。因此，我们完全可以通过人们的生活习惯来读懂我们身边的每一个人。我们可以通过看电视的习惯来读懂对方，可以从逛街的方式去认识对方，可以从随意涂鸦中去了解对方，可以从物品的收纳方式看清对方，可以由睡觉习惯观察对方的心理，还可以从电话本和通信录的使用情况看人。总而言之，一个人的生活习惯大都是他性格特征和真实情感的显现，我们可以从这些细枝末节来透析对方，判断对方，进而更好地读懂对方。

从看电视的习惯能看到对方特点

我们只要认真仔细地观察他在生活中的各个细节,就可以通过那些细节了解一个人的性格。在绝大多数情况下,都会有一些收获。看电视在我们的生活当中,几乎是一项不可缺少的重要内容,你却不一定知道,我们通过看电视,也能够观察出一个人的性格特点。

生活中的每一个人,他们在看电视时所表现出来的习惯也不同。有的人在看电视的时候,聚精会神;有的人在看电视的时候,却忙于干其他事情,只是有时候才不经意瞄一眼电视节目;有的人在看电视的时候,看着看着就睡着了,看电视似乎成为了他的催眠剂;还有的人在看电视的时候,一遇到自己不喜欢看的节目就立即换台。其实,这些常见的看电视的习惯都有可能发生在你我的身上,透过这些习惯可以看出一些我们的性格特点。下面我们就根据这几种常见的看电视的习惯来读懂他人。

1.专心致志型

有的人在看电视的时候,总是能够保持精神高度的集中,专心致志看电视,不会干其他的事情。一般来说,这样的人办事比较认真,就像看电视一样,他们做任何一件事情都能够全身心地投入。另外,他们的情感比较细腻,有丰富的想象力,很容易与他人产生共鸣。

2.忙里偷闲型

有的人看电视的习惯,与专心致志型相反。他们一边看电视一边做其他的一件或几件事情,比如边看电视边看报纸、打毛衣或是吃东西。虽然他们也在忙里偷闲地看一下电视节目,与所看电视节目的内容有一定的关系,但他们的注意力并没有完全放在电视节目上。因此,这样的人一般具有很好的弹性,能够较容易地适应各种各样的环境。有时候,在条件允许,甚至是不允许的情况下,他们都很愿意尝试新鲜的事物,向自己、向外界进行挑战。

3.经常调台型

有的人看电视的时候，经常换台，每当遇到自己不喜欢的节目就立即调台，常常使得身边的人不能认真地看电视。这样的人耐心和忍受力都不是特别强，他们的独立性很强，不属于那种人云亦云的人，也不是那种一哄而起，一哄而散的人。但他们在生活中很懂得节约，不会浪费时间、金钱、财力、物力等。

4.睡觉型

有的人在看电视的时候看着看着就睡着了，经常是躺在沙发上就睡着了，而电视还开着。除去是因为工作太劳累，人非常疲劳的情况外，这种类型的人的性格大都是随和而又乐观的。他们往往也能够笑着坦然面对在生活和工作中遇到的挫折和困难，并积极地寻找各种方法，力争到最后轻松地解决。

逛街的方式能透出一个人的内心世界

我们生活在一个互动的时代里，告别了那种自给自足的自然经济，生活中有很多必需品都是要从外界获得的，而最直接、简单而且普遍的获取方式就是通过逛街去商店或商场购买。很多人都喜欢逛街，尤其是女性朋友，她们甚至把逛街当做一种爱好。看着街上琳琅满目的商品，让人眼花缭乱的漂亮服饰，她们的眼睛就开始亮起来了。其实，逛街也是一种生活习惯，我们也可以透过逛街读懂身边的人。

有的人喜欢逛街，是仅仅把逛街当做一种放松的方式，他可以一个人在街上晃悠大半天却什么都不买；有的人逛街目的性很明确，想购买什么东西就直奔商场，挑中喜欢的就立马付款；还有的人喜欢和家人逛街，他们更愿意享受的是那种温馨的氛围。其实，这些看似很常见的逛街方式，却可以折射出一个人的真实性情及性格特征。下面我们简单地介绍一下。

1.以逛街作为一种兴趣爱好

大多数女性把逛街当作一种兴趣爱好，当她们感到工作压力很大，心情烦闷时，就会不由自主地想去逛逛街。所以，她们逛街的目的并不是为了购买东西，而是喜欢那种逛街的过程带来的轻松心情。

小卓是个急性子，平时最讨厌的就是在商场里面逛来逛去，他买什么东西，三下两下选好了就会买了，然后以最快的速度离开，但偏偏女朋友喜欢逛街，而且一逛就是好几个小时，总是在几个商铺之间走来走去，看到好看的衣服总要试穿。可最让小卓吃不消的是，女朋友只逛不买，经常是流连在化妆品柜台前看看这个，试试那个。虽然导购小姐嘴上没说什么，但是那眼神让小卓见了就暗暗后怕。最后，往往是小卓看不下去了，掏钱买了一个，回头却被女朋友说了半天，说本来不想买的，责怪小卓乱花钱，不会买东西。

从心理学的角度讲，女性购物是为了享受过程，而男性购物则是为了享受结果。所以，最让男性受不了的不是漫长的逛街，而是女性总是流连于各种商品却不买的那种心理。男性的购买习惯，就是直奔自己所需要的商品那里，选择合适的东西，就立马走人，绝不多逗留片刻，在他们看来，在那种嘈杂的地方待上一段时间是一种痛苦的折磨。而女性的购买心理，则是东看看西看看，到处挑选，问了价钱却不愿意掏钱购买。

这种逛而不买的心理，在心理学上叫“知晓心理”。也就是说，女性获得满足感并非要通过购物的结果来实现，它还可以通过购买过程中享受那种乐趣，了解一些商品的价格也能给自己带来一种满足感。另外，商场那种疯狂购物的氛围，也是深受女性朋友喜欢的。

2.喜欢逛那些经常打折的商场

有的人喜欢经常逛那些打折商场，希望能在其中购买一些自己中意的商品。这样的人大多比较现实，很懂得过日子，会精打细算把钱省下来做其他的事情，但是有时候却因为眼光不够，经常买一些不实用的东西。他们个性比较固执，不会轻易接受来自他人的观点。遇到任何事情，他们都固执地坚持自己的看法，不希望听从他人的意见，即便有一些共同的协商，但到最后他还是会摒弃他人的想法，把自己的想法坚持到底。

3.逛街目的性很强

人们逛街的目的，通常就是为了购买一些所需要的物品。有的人逛街目的性就很强，这主要体现在男性身上。他们在逛街之前，会清楚自己所需要的东西，甚至列出清单，到了商场，按着清单购买东西。这样的人有着较强的组织能力，做什么事情都很讲原则，并且在做事情之前，也会有周详的计划，否则他们就会失去安全感。所以，他们的随机应变能力比较差，在面对突发状况的时候，常常不知所措。这一类人记性比较差，所以需要不断地有人提醒他们在什么时间去做什么事情。

4.喜欢与家人一起逛街

有的人喜欢邀请全家人一同出去逛街，这一类型的人大多比较传统，深深眷恋着家的温暖。温馨的家庭在他们心中占据着重要的位置，这使得他们有一种强烈的责任感。他们做任何事情，都会取得家庭的同意，都是以家庭为出发点，他们整天的生活都是在围绕着家庭转。虽然，这在旁人看来显得比较乏味，但是他们却感到很满足。他们在与家人一起逛街的时候，也较多地关注那些经济又实惠的东西，而不会选择购买华而不实的商品。

小小涂鸦背后展现的真心

在我们的生活中，或许我们每个人都有这样的经历：在工作无聊时或休息之余，在一张纸或是其他的什么东西上随便地涂涂写写，随意涂鸦。有心理学家指出，这种无意识的随意涂鸦，往往能显示出一个人的性格来。因为人内心的真实感觉，正是通过涂写这个过程显露出来的。

当然，不同的人随意涂鸦的内容也不一样。有的人喜欢画一些几何图形，有的人喜欢画一些简单的点、线、圈或者曲线，有的人只是喜欢写字，还有的人会画一些人物的五官或者是人物肖像。我们可以根据人们随意涂鸦的内容，观察出其性格特点。下面我们来简单介绍几种常见的涂鸦方式。

1.喜欢涂画杂乱的点、线、圈

有的人喜欢画折线，有的人喜欢画平行线，还有的人喜欢画有趣的线条或圆圈。下面我们详细加以区分。

(1)喜欢杂乱平行线的人，表明他的内心总是充满了愤怒和沮丧的情绪，那紊乱的线条就是其心境写照。

(2)喜欢画折线的人，他们一般拥有较强的分析能力，而且思维灵敏，反应比较快。如果画单折线则代表他内心的不安情绪，所以喜欢画单折线的人在很多时候都处在一种相对紧张的状态之中，情绪不稳定，让人难以猜测。

(3)喜欢画混乱线条的人，他们拥有较强的恒心和毅力，做什么事情都有一股不达目的誓不罢休的劲头，所以他们能够取得一些成功。

(4)喜欢画曲线的人，他们个性显得很随和，适应能力很强，任何环境都能够很快地适应。另外，他们总是抱着乐观向上的心态，善于自我安慰，即使遇到困难也会朝好的方面想。

如果喜欢涂画的曲线一条包含着另一条，则表示他们对周围人是相当敏感的。在生活和工作遭遇挫折和磨难的时候，他们大都能够保持相对的冷静，并积极寻找解决的办法，而不是不假思索，冲动地解决。另外，这一类型的人，他们时常会沉浸在某种幻想当中，有一点不切合实际。

2.喜欢画几何图形的人

有的人喜欢涂画一些几何图形，比如三角形、圆形、对称图形，下面我们详细地分析一下。

(1)喜欢画对称图形的人，他们做事都会比较小心谨慎，而且遵循一定的计划和规则。

(2)喜欢画三角形的人，他们都拥有较强的理解能力和逻辑思维能力。他们有很好的判断力和决断力，在绝大多数时候能够保持头脑清醒，思路清晰，但缺乏耐性，容易急躁、发脾气。

(3)喜欢画圆形的人，他们习惯于对什么事情都有一定的规划和设计，喜欢按照事先的准备行事。他们一般都具有很强的创造力和很丰富的想象力。

(4)喜欢画不规则图形的人，他们心胸比较开阔，心态也比较平和，对环境有很强的适应能力，但某些时候显得有点玩世不恭。

(5)喜欢画连续性图案的人，他们在大多数情况下对生活充满了信心，拥有很强的适应能力，无论什么样的环境都能很快地融入其中。他们通常能够将心比心，站在别人的立场上为别人着想。但他们比较安于现状、满足于现状。

(6)习惯于涂画四方形、三角形、五边形等几何图形的人。他们通常都是很善于思考的，并具有十分严密的逻辑性；他们具有相当强的组织能力，但有时也会让人产生错觉，认为他们太过执著于自己的信念；但有时候，他们简直无法容忍那些想改变自己或否定自己意见、看法的人；他们在面对各种事物时大都能够做到胸有成竹，知道自己该做些什么，怎样做，但他们在为人处世等方面多少有一些保守。

(7)有的人喜欢涂画正方体、球体等几何图形。他们大都比较深沉和稳重，比较现实和实际，沟通能力较强，在大多数时候能够做到收发自如；他们善于将比较抽象的事物变成具体化、通俗易懂的内容；在面对不同的情况时，他们能够及时地调整自己。

3.喜欢画人物肖像

有的人喜欢涂画人物肖像，有的只是喜欢涂画人物五官的一部分，下面我们来加以详细分析。

(1)喜欢画人像的人，他们一般擅长交际，因此朋友很多，但由于性格上的问题，这使得他的敌人也不少。

(2)喜欢画眼睛的人，他们的性格中多疑的成分占了很大的比例，另外，这一类型的人有比较浓厚的怀旧心理。

(3)喜欢画不同面孔的人，多是借涂画的过程发泄自己内心的某种情绪。比如，喜欢画一张笑脸的人，他们一般是知足常乐者；喜欢画皱着眉头的人则恰恰相反，他们可能是永远也不会感到满足；喜欢画苦瓜脸或是扭曲变形的脸，表现出他们的内心是非常痛苦和混乱不堪的；喜欢画一双大眼睛的人，他们的生活态度非常乐观；喜欢画一脸茫然的人，用一个平凡的点代表眼睛，或是一条直线代表嘴巴，表明他的心里有某种疏离感。

4.喜欢写字的人

有的人在无聊之余,就会不自觉地在白纸上写下几句话,或者代表心情的字句,或者不断地写着自己的名字。

(1)喜欢写字句的人,他们大多是知识分子,拥有较为丰富的想象力,但常生活在想象当中,有点不切合实际。

(2)有的人喜欢不断地写着自己的名字,就像练字一样。这一类型的人有相当强烈的自我表现欲,可能还会为此做出一些让人无法接受的事情来。他们不断地重复写自己的名字,是一种潜意识的不断的自我肯定,目的是克服目前困扰自己的某种情绪。但是,很多时候他们会感到迷茫和无助,不知道自己该做些什么。

从他人收纳物品的习惯看他的做事风格

我们每个人每天的生活中离不开各种各样的物品,从小的方面说,有可能只是个牙刷,从大的方面说,有可能是属于自己的一间屋子。而通常情况下,每个人收纳物品的方式都是不一样的。有的人总是喜欢把那些一件一件的物品收拾得整整齐齐,有条不紊;而有的人就喜欢做表面工夫,整体上看比较规矩,但有些隐藏的地方就会发现杂乱的物品;还有的人根本不喜欢收纳物品,他们习惯于乱放乱拿,于是常常会翻箱倒柜寻找另一只袜子。

我们每个人都有一间属于自己的房间,那么在这一间屋子里,如果你足够仔细的话,也可以发现很多的秘密。这些秘密是什么呢?这就是通过房间里所呈现出来的种种表象,观察一个人到底是什么样的性格。下面我们详细介绍一下具体的几种物品收纳方式。

1.喜欢把每一件物品都收纳得整整齐齐

不管是家里的桌面上,还是抽屉里,都是整整齐齐的,各种物品都放在该放的位置上,让人看起来有一种相当舒服的感觉,这表明屋子的主人办事是极有效率的,他们的生活也很有规律,该做什么事情,总会事先拟订一个计划，这样不至于有措手不及的难堪。他们很懂得珍惜时间，不喜欢做浪费时间的事情，他们总是能够精打细算地用不同的时间来做更有意义的事情。他们一般都有很高的理想和追求，并且一直在为此而努力。但是他们习惯了依照计划做事，所以，对于一些出乎意料发生的事情，常常会令他们感到不知所措。因此，他们的随机应变能力稍微差一些。

2.喜欢收纳一些有纪念意义的物品

习惯于在家里放一些具有纪念意义的物品的人，这类人一般性格比较内向。他们不太善于交际，所以朋友不多，但仅有的几个却是非常要好的。他们很看重和这些朋友的感情，所以会格外珍惜。他们大多都有一些怀旧情绪，总是希望珍藏一些美好的回忆。但他们比较脆弱，容易受到伤害，而且做事也缺少足够的恒心和毅力，常常会在挫折和困难面前不战而退。

3.物品摆放乱七八糟

有的人不擅长收纳物品，于是家里的物品全部是乱七八糟的，他们待人大都相当亲切和热情，性格也很随和，做事通常只凭自己的喜好和一时的冲动，三分钟热情过后，可能就会自然而然地选择放弃。他们大多缺少深谋远虑的智慧，不会把事情考虑得太周密，也没有什么长远的计划，但是他们拥有比一般人较强的适应能力。他们虽然拥有积极乐观的生活态度，但太过于随便，不拘小节，经常是马马虎虎，得过且过。

4.按顺序和规则收纳物品

无论是客厅还是卧室，所有的物品都按照一定的次序和规则放好，整齐而又干净。这一类型的人工作很有条理性，有很强的组织能力，所以办事效率比较高。他们具有较强的责任心，凡事都小心谨慎，避免失误的发生，态度相当认真。这样的人虽然可以把自己的本职工作做得很好，但是有一点墨守成规，缺乏冒险精神，所以不会有什么开拓和创新。

5.表面整齐，角落却很杂乱

家里看上去收拾得很干净、很整洁，但桌子的抽屉内却是乱七八糟。这样的人虽然有足够的智慧，但往往不能脚踏实地地做事，他们喜欢耍一些小聪明，做表面文章。在表面上看来，他们有比较不错的人际关系，但实际上，却没有几个人是可以真正交心的，他们也是很孤独的一群人。他们性格大

多比较散漫、懒惰,为人处世方面不是十分可靠。

6.物品摆放很随意

家里各种物品总是这里放一些、那里也放一些,没有一点规则。这样的人大多做起事来虎头蛇尾,总是理不出个头绪来。他们的注意力常常被一些其他的事情分散,从而无法集中在工作或学习上,因此也很难做出优异的成绩。他们也想改变自己目前的这种状况,但是自我约束能力很差,总是向自我妥协,事后又追悔莫及,可紧接着又会找各种理由来安慰自己。

7.屋里像垃圾堆

有的人的屋子看起来更像是垃圾堆,如果需要找一样东西,往往要把所有的东西全部翻个遍,到最后可能还是找不到。这样的人工作能力差,效率也极低,他们的逻辑思辨能力非常糟糕,也多缺乏足够的责任心。

从观察睡觉习惯探究对方心理

观察和了解一个人的性格有很多种方法,但如果找到一种最好的方法却并不多,睡觉习惯是其中的一种。一个人有什么样的睡觉习惯,是一种直接由潜意识表现出来的身体语言。一个人无论是假装睡觉还是真正的熟睡,其睡觉习惯都会显示出一个人在清醒时、表露在外和隐藏在内的某种思想感情。

每个人都有不同的睡觉习惯,有的人喜欢像婴儿一样睡觉,有的人喜欢俯卧着睡觉,有的人喜欢睡在床边上。我们可以依据不同的睡觉习惯,判断出对方隐藏在心里的想法。而对于自己而言,我们在很多时候并不知道自己在睡觉时有什么特别的习惯,那么不妨问一问身边亲近的人,然后根据实际的性格对比一下。下面我们就介绍几种常见的睡觉习惯,以便你可以通过睡觉习惯对别人有个大致的观察和了解。

1.有的人喜欢趴在床上睡觉

有的人喜欢趴在床上睡觉,他们相信自己,有较强的自信心,以及卓越的能力。他们对自己有非常清楚的认识,并且都能很好地把握住自己。他们有较强的随机应变能力,即便是到了一个全新的环境,他们也能够很快地调整好自己。他们一旦确立了追求的目标,就会一直坚持下去,并且对自己充满信心。另外,他们比较善于把自己的真实情感隐藏起来,并且不会让他人有所察觉。

2.有的人蜷缩着睡觉

有的人在睡觉时成一种蜷缩的姿势,像个婴儿一样,这一类型的人缺乏安全感,性格比较懦弱,禁不起任何的打击。他们逻辑思辨能力较差,做事情从来不按照先后顺序,也不会事先做好规划工作,常常是这件事情已经发生了,才意识到自己没有做好准备工作。他们缺乏自我独立的意识,总是习惯于依赖那些对于自己来说比较熟悉的人物或者环境,而对那些陌生的环境或人物则会有一种畏惧心理。他们缺乏责任心,在遇到困难和挫折的时候,常常会选择退缩。

3.有的人喜欢呈八字形睡觉

有的人喜欢呈八字形睡觉,这一类型的人做事比较武断,虽然他们有着一定的能力,但通常情况下都不会向他人妥协,态度既固执又十分强硬,经常是自己想怎么样就怎么样,不希望听到来自他人的相反意见。他们有一种想掌控局面的强烈欲望,一旦他们掌控了某种权力就不会轻易放弃。他们喜欢领导别人,喜欢别人在自己的监督下完成所有的事情。

4.有的人喜欢睡在床边

有很多人喜欢睡在床边,这样的人比较缺乏安全感,做任何事情都比较理性,善于控制自己的情绪,尽可能地克制住自己的不良情绪。很多事情发生了,他们宁愿相信这是自己一相情愿的想法,可能事情并不是这个样子。他们有较强的忍耐能力,并有一定的忍耐极限,当没有达到这个极限,他们是不会轻易表现出愤怒情绪的。

5.有的人睡觉时喜欢把脚放在外面

有的人喜欢在睡觉时把脚放在外面,这样的睡姿其实相当容易让人感到累。这样的人工作比较繁忙,即便是在睡觉时也会自然地感到劳累,他们在生活中并没有多少休息的时间,过着快节奏的生活。他们个性很开朗、乐

观，精力充沛，在很多时候，都能依靠自己做出一番事业来。他们性格相当活泼，为人也较热情和亲切。

6.有的人喜欢仰睡

有的人喜欢仰睡，这样的人个性都十分开朗、大方，他们在平时生活中对人十分热情亲切，而且极富同情心。因此，他们在人际交往中能够透析对方的心理，了解对方最想要什么。他们一般都拥有较强的责任心，遇到任何事情都不会逃避责任，而是勇敢地去面对，主动承担属于自己的责任。他们比较成熟，对生活中的人和事都能够分辨出轻重缓急，并且知道需要怎么做才能达到最佳的效果。他们身上有很多优秀的品质，常常能够赢得周围人的尊重，而通常他们对很多事情都能够做到位，因此很容易得到他人的信赖，会使自己在人际交往中建立起不错的人际关系。

7.有的人喜欢以呆板的姿势睡觉

有的人喜欢以一种呆板的姿势睡觉，比如双手摆在两旁，两脚伸直着睡。这一类型的人生活节奏相当快，生活也很有规律性，这使得他们的精神一直处于一个高度紧张的状态中，即便是睡觉也不会放松下来。他们每天需要做些什么事情，哪个时间段做什么事情都已经固定下来了，这让他们的身体也形成了一种固定的姿势。

8.有的人喜欢以戒备的姿势睡觉

这一类型的人通常具有较强的戒备心理，并且这样的一种心理状态随时跟随着他们，即便是在睡觉时也会有所警觉。他们自主意识比较强，不会随便听从别人的吩咐和摆布，对于别人要求去做的一些事情，只要是自己不愿意去做的他们就会表现得十分不乐意。更不会在别人的压力下去做，他们的个性显得十分固执，如果有人强行要求他们，他们就会采取一些必要的措施。

9.有的人喜欢抱着双臂睡觉

有的人喜欢在睡觉时环抱着双臂，甚至握着拳头，仿佛随时准备给人一击。这一类型的人如果是仰躺着或是侧着睡觉，拳头向外就是向他人示威。如果把拳头放在枕头或是身体下面，表示他正在控制这种消极情绪。

兴趣嗜好：擅长从偏爱喜好了解对方心理状况

一个人的兴趣和爱好，最容易显露出其内心世界。我们可以通过对方所喜欢的游戏类型来分析对方的个性，可以从对方喜欢的休闲方式上判断对方的性格特点，人们旅游的目的可以透露出对方的心理现状，不同的约会场所也反映出不同的心理，从对宠物的喜欢了解对方的性格和内心，还可以从收藏和纪念品读出对方的心理倾向。所以，读懂一个人最好的方式就是从他的兴趣爱好入手，这样不仅能近距离看清他的庐山真面目，而且容易找到有针对性地解决问题的办法。

喜欢游戏的类型体现出不同的个性

生活中有不少人喜欢玩各种各样的游戏,比如说一些网络游戏,还有不少的益智游戏。一般来说,人们经常玩一些游戏,最主要的原因是为了使自己有一个放松的机会,另外比较重要的原因就是经常接触一些锻炼思维能力的游戏,会使一个人逐渐地变得更聪明和智慧。因此,游戏也逐渐成为一种兴趣融入人们的生活领域里,很多人在工作劳累之余,或是休息时,就会不由自主地玩起一些自己喜欢的游戏。

每个人所喜欢的游戏不同,那就代表了不同的性格特征。有的人喜欢玩拼图游戏,有的人喜欢玩魔方,有的人喜欢玩几何图形的游戏,有的人喜欢玩智力测试。总而言之,我们不能只是看到游戏的娱乐性质,而是要善于透过游戏去读懂他人。下面我们就介绍几种人们常玩的游戏。

1.有的人喜欢玩网络游戏

现在有不少年轻人嗜好网络游戏,这类人一般自控能力比较差,常常生活在自己的幻想世界里,有点不切合实际。如果突然从网游世界中出来,就会有种现实的挫败感。由于生活带来的苦闷情绪使得他们愿意沉迷于自己的世界中,甚至花费大量的精力、财力去为自己组建一个虚幻的网络世界,因而常常耽误了学习和工作。

2.有的人喜欢拼图游戏

有的人喜欢玩拼图游戏,这一类型的人有较强的忍耐力,对自己充满信心,即便是在生活中遇到了困难和挫折,他们也不会轻易地被打倒,而是能够保持继续坚持的奋斗精神,或者从头再来。在他们的生活中,经常会被很多意料之外的事情所干扰,他们可以付出很大的精力和很长的时间来进行处理,即便是最后失败了,他们也能保持一种乐观、积极向上的心态,并且希望能够顺利解决一切问题,自己再重新开始。

3.有的人喜欢玩魔方游戏

有很多人钟情于玩魔方，这类游戏往往需要极富智慧的头脑。因此，这一类型的人一般都拥有较强的自主意识，他们不希望得到别人已经做好的东西，而自己不需要付出什么，他们更愿意自己花费大量的时间和精力，甘愿为此付出很大的代价，自己去追求那些感兴趣的事情，而不喜欢把别人的成果据为己有。他们心思灵巧，思维相当敏捷，喜欢自己亲自动手去做很多事情。除此之外，他们还有很好的耐性，即便是同一件事，别人已经表现出不耐烦的情绪了，他们还能够坚持到底。

4.有的人喜欢玩字母游戏

有的人喜欢玩字母游戏，这一类型游戏的人，他们具有异常灵敏的思维反应能力，即使面对不同的人和环境，他们也能尽快地调整自己，在最短的时间内适应新的人际关系和环境。而且，他们善于观察他人，能够洞察对方心理，能够迅速又非常准确地洞察一个人的内心世界。

5.有的人喜欢图形游戏

有的人喜欢玩几何图形游戏，这一类型的人，他们大多比较聪明和智慧，他们不会人云亦云，随波逐流，在很多时候，他们会有自己独到的见解。他们不喜欢做没有把握的事情，他们在做任何一件事情的时候，都需要周密的计划、详细的策划，当心中有了大概的轮廓之后，他们才会开始行动。这样周密的计划，使得他们即便是面对临时的变故，也能很快找到应对的策略。他们为人深沉而内敛，有着比较成熟的思想，任何时候都显得胸有成竹。

6.有的人喜欢智力游戏

有的人喜欢在书本上、网络上玩一些智力测试，只要看到测试之类的游戏，他们就会停不下来。这类人的生活一般没有什么规律性，他们常常会将大量的时间、精力甚至财力浪费在毫无意义的事情之上。因此，这样的做法使得他们看不到事情的轻重缓急，往往因为无关紧要的事情而耽误了极为重要的事情，所以他们在工作上效率极低。但是，即便是耽误了很多重要的事情，他们却不会因此而感到懊恼或者后悔；相反，他们还到处寻找各种理由来安慰自己。

7.有的人喜欢在游戏中寻找差别

不知道从什么时候开始流行在一些图片中寻找错误的游戏,这一游戏一出来,就受到很多人的喜欢,尤其是女性。这一类型的人在现实生活中其实过得并不轻松,他们的生活常常被一些事情困扰着。他们性格大多比较忧郁,即便是现在过着很好的生活,但天性忧郁的他们还是会把生活朝着不好的方面想。而且,他们的心胸较狭隘,总是看到别人的缺点,却很少注意到他人的优点。

8.有的人喜欢玩数字游戏

喜欢玩数字游戏,这一类型的人拥有比较强的逻辑思维能力,他们的生活都极有规律性,有条不紊,有时候甚至显得比较呆板。他们在平时的人际关系中,显得比较直接,不够圆滑也不够世故,结果,既容易伤到别人,也会给自己带来伤害。

9.有的人喜欢玩神秘游戏

有的人喜欢玩神秘类游戏,他们平时疑心病比较重。他们在人际交往中,喜欢无端地猜测他人,并毫无根据地指控对方的行为,但是却常常苦于找不到充分的证据来进行说明。他们对生活中的某些细节以及一些细微的差别总是表现得很敏感,有时候他们还会忍不住对自己产生怀疑。

休闲方式能体现出一个人的个性

现在社会的日益进步,使得竞争充斥着生活的每一个角落,给人们带来了沉重的生存压力和生活压力。那沉重的压力像一座大山一样压在人们的身上,使人很容易就会疲劳、心烦意乱,严重的还可能导致心理疾病,以致精神崩溃。于是,人们越来越意识到休闲娱乐的重要性了,也开始致力于寻找一些可以使自己的心情得到放松的休闲方式。

其实,那些生存压力和生活压力的存在,是个人能力无法改变的。但是,为了保持自己身体和心理的健康,更好地加入到竞争之列,可以进行自我调节，找到一种休闲放松的方式。而人们用什么样的方法放松要根据自己的实际情况和需要来决定，不同的人有不同的放松方式，比如心态心理疗法、运动的方式、自然疗法、睡觉方式、行为疗法等。我们完全可以通过对方不同的放松方式，透析对方的心理。下面我们就以几种常见的休闲方式，来读懂他人的心思及性格特征。

1.运动的休闲方式

有的人喜欢通过运动的方式来使自己得到休闲放松，比如跑步、打篮球、打排球，他们喜欢那种运动之后全身酣畅淋漓的快感，并由此获得一种心理上的平静。一般来说，喜欢用运动的休闲方式来使自己放松的人，他们性格比较内向，缺少朋友，也不会向他人轻易倾诉自己的心事，特别是比较熟悉的人。但在特定的环境下，他们会考虑向陌生人倾诉他们内心的秘密。他们大多是行动的主人，虽然很少表达出来，但是他们会通过实际行动表现出来，通常情况下，他们做的比说的多。他们拥有坚强的意志，在挫折和困难面前，虽然有时也会表现得失望和颓废，但这只是暂时的，当熬过了一段时间，他们还能够勇敢地站起来，去面对一切。

2.睡觉的休闲方式

当面对生活中的烦恼和工作上的压力的时候，有的人干脆关了手机，窝在家里睡一天，使自己得到放松。一般情况下，采用睡觉方式放松自己的人，他们大都很聪明而且比较实际。无论在什么时候，他们都很清楚地知道自己的目标，并且会努力寻找一种最简单最快捷的方法去实现它。他们并不十分看重一些原则和理论上的东西，而是着眼于非常具体的、看得见摸得着的实例。他们在做一件事情时显得有点固执，不会轻易地接受他人的意见和建议，但如果请一位极具权威性的人物来对他进行说服，可能会起到一定的作用。

3.自然的休闲方式

有的人在面对社会带来的各种各样的压力的时候，会回避现实生活，更愿意在自然世界中放松自己，比如去海边漫步、去森林走走、去河边玩水，使自己能够与自然融为一体。喜欢采用自然的休闲方式来放松自己的人，他们一般能得到周围很多人的喜欢。在工作之外，他们待人真诚、朴实，说话

显得很直接，有什么说什么，不会遮遮掩掩，凭着自己的感觉走。但当他们回到工作中来，由于十分厌恶工作，所以很难以单纯、自然、放松的心情投入到工作中去。如果在工作中，他们没有什么可做的事情，就会突然间感到特别烦躁。

4.锻炼形体的休闲方式

现在锻炼形体的休闲方式越来越受到人们的欢迎，比如一直受女性关注的瑜伽，它可以使人们在放松的同时，还能够塑造自己的形体美。一般来说，采用锻炼形体的休闲方式来放松自己的人，他们大多是完美主义者，他们做任何事情都会尽力追求完美，形成一个整体形象，否则的话，心里就会感到不安。他们自身的形象，如果是从整体来看，也是不错的，但却并不能如他们自己预料的那样被他人所注意。

5.行为的休闲方式

有的人在遭遇压力的时候，喜欢运用行为的休闲方式，比如约朋友去KTV唱歌，或是去逛街疯狂购物。他们是企图通过压力之外的某些行为去减缓压力给他们带来的紧张感，使自己在某种比较“疯”的状态中把压力忘得一干二净。一般来说，采用行为的休闲方式来放松自己的人，他们中的大多数人并没有自己的主张，他们很容易向他人妥协，听从他人的安排和调度，但他们一般不会表露出什么不快的情绪而是乐于被他人领导。他们喜欢他人把一切都安排得好好的，不愿意自己去动脑筋思考，而自己只要按着去做就可以了。但通常情况下，他们对自己的要求比较严格，会尽力把安排下来的每一件事情都做好。

6.顺其自然

有的人在面对压力的时候，不采取任何一种休闲方式来使自己放松，只是任之顺其自然，他们大多拥有较强的独立自主的观念，无论发生什么事情，在绝大多数时候，他们都是只寄希望于自己，并且也对自己充满了信心，而不企图依靠外界的力量来解决。他们很容易满足，喜欢过自给自足的生活，而且不希望现状被改变。他们并不相信任何人，特别是那些被绝大多数人敬若神明的，他们更是不屑一顾。

探究旅游目的，了解他人心理现状

现在，人们的生活水平日益提高，经济也显得比较宽裕。于是，旅游越来越成为一种时尚和潮流。一方面可以缓解来自生活和工作上的压力，让自己身心获得放松；另一方面还可以使自己眼界开阔，增长见识。人们在工作、学习之余，抽出一些时间，或独自一个人，或是与亲人朋友结伴，或是参加一些旅游团，到一些旅游景点去玩一玩，已经成为了大多数人的休闲方式，而大家也十分享受旅游所带来的种种乐趣。

除此之外，从旅游的目的中还可以了解一个人的内心世界。有的人旅游完全是为了放松心情，消遣时间；有的人旅游是为了结实一些朋友，或是期待一份美丽的邂逅；有的人旅游时怀着猎奇的心态，为了寻找某种刺激感。我们可以通过人们不同的旅游目的，判断一个人的性格特征。

1.为了结交一些新朋友

有的人旅游的目的纯粹是为了结交新的朋友，他们一般在旅游时喜欢随团旅游，这样会让他们有机会认识到新朋友。这一类型的人有较强的逻辑思维能力，他们做任何一件事情，都会把事情的所有部分规划好、计划好。他们喜欢脚踏实地，不喜欢幻想，显得比较现实，也从不期待会有“天上掉馅饼”这样的美事出现。他们比较善解人意，能够尊重和理解他人，也会大方地赞赏那些比较有才华的人。他们大多为人比较坦诚、豪爽，也比较大方。

2.为了探访亲戚朋友

有的人经常去全国各地旅游观光，也许，这从表面上看起来是去旅行，其实是为了到各地去探访亲戚朋友。这一类型的人，他们大多比较实事求是，待人比较真诚，不喜欢与那些虚伪做作的人打交道。一般情况下，他们把亲人和朋友看得很重，因为在与他们的相处过程中，自己能够得到充实和满足，所以他们乐于到处奔波，只是为了探访亲人和朋友。

3.为了放松心情

很多人选择旅游,完全是为了放松自己紧张、烦闷的心情。他们有的喜欢欣赏风景,有的喜欢在海滩散步,而选择不同的旅行方式也代表着他们不同的性格特征。

(1)喜欢欣赏风景的人。

有的人愿意在大自然里欣赏风景。他们不喜欢被人控制,向往生活中能够有一些新鲜、刺激的东西,他们通常对自己那呆板、单调、一成不变的生活充满了厌倦。他们精力相当充沛,总是希望自己一个人去做一些事情,这样会使自己的生活显得丰富多彩。他们有着较强的责任心,敢于承担属于自己的责任。他们通常有着丰富的想象力和创造力,喜欢向一些新事物挑战,在这过程中,他们会遇到意外的惊喜,有时候也会遭遇一些灾难。

(2)喜欢在海滩漫步的人。

有的人喜欢在海滩漫步,希望能面对宽阔的大海,双脚踏在柔软的沙滩上面。这一类型的人,他们不喜欢纷繁复杂的人际关系,也不热衷与他人打交道。但结交的朋友,往往是一生的知己。他们个性比较孤僻,向往过着在山林隐居的生活,有一种逃避现实的倾向。

4.为了追赶潮流

有的人旅游是为了追赶一种潮流,跟着大多数人去一个地方旅游。当出国旅游成为了一种时尚,不少的人都开始追赶着这股潮流。这一类型的人大多比较时尚,喜欢追逐潮流。他们比较具有幽默感,时刻保持充沛的精力和热情,以一种相对积极、乐观而又向上的态度来面对生活,不会轻易地被生活中的一些挫折和磨难压垮。

5.为了寻求一种刺激感

有的人旅游是为了寻求一种有别于生活带来的平淡的一种刺激感,或是想通过一次刺激的旅游来使自己的情绪得到发泄。他们有的喜欢旅行时在外露宿,有的热衷于登山、攀岩等这一类的激烈运动。

(1)喜欢旅行时在外露宿的人。

有的人喜欢在旅行时选择在外露营,这一类型的人具有比较高的品德素养水准,会在生活中规范和约束自己的言行举止,使自己时刻显示出一种风度,得到身边的人的尊重。他们很注重客观实际,并且拥有相对独立的个性,具有一定的想象力和创造力,但他们并不热衷于幻想。

(2)热衷于登山的人。

有的人热衷于登山,其实我们就可以判断出他是一个内向的人。内向型的登山爱好者,经常组队向岩壁挑战,以攀岩、征服人烟稀少、人力难及的险峻高峰为目标。对于大自然的险峻、壮观以及美丽,他们又爱又恐惧,虽然敢于向它挑战,但是始终不会把它当成享乐的休闲对象,他们一向以诚挚的态度对待那些他们想要征服的高山大川。

不同的约会场所反映出不同的心理

人们在约会的时候,都会精心选择一个展现浪漫、意境优美的约会场所。其实,不同的约会场所也反映出不同的心理。不同的人会选择不同的约会场所,有的人选择一些幽雅的餐厅,有的人选择一些浪漫的场所,有的人会选择俱乐部或酒吧,还有的人选择在宽敞的场所。下面我们就列举几种常见的约会场所,来透析不同人的心理特征。

1.喜欢在幽雅的餐厅约会的人

很多人请异性吃饭,其实只是为了制造单独在一起的机会。这一类型的人大多比较大胆,不在乎自己的隐私被其他人发现。并希望在就餐过程中展现自己优雅的礼仪,或者谈论一些有趣的话题。因此他们显得比较实际,比起那些鲜花、钻石带来的华丽,他们更注重客观实际的生活。

2.喜欢在极富浪漫的地方约会的人

有的人喜欢在浪漫的地方进行约会,比如有月光的小树下,有着爱情传说的地方,等等。这一类型的人大多追求罗曼蒂克的爱情,他们会在不经意间给对方一个惊喜,他们不喜欢太过平淡的生活。在爱情上,喜欢用甜言蜜语的攻势,获取对方的芳心。他们思维敏捷,随机应变能力很强。

3.喜欢在俱乐部或酒吧约会的人

有的人喜欢在俱乐部或酒吧约会，认为这种场合适合两个人互诉衷肠，甚至可以使彼此之间的关系更进一步。这样类型的人，总是致力追求一种刺激的生活，讨厌平凡的生活。他们喜欢自我表现，希望能在这些场合在心仪的他（她）面前有所表现。

4.喜欢在公园、广场约会的人

有的人喜欢在类似于公园、广场等一些比较宽敞的场所约会，这样类型的人个性比较开朗，对生活充满了热情，但是性格中也有相当软弱的一面。他们之所以会选择一些宽敞的场所，是因为那些地方人比较多，从而避免了两个人单独在一起的尴尬。他们有着远大的志向，会高瞻远瞩，给人一种很稳重踏实的感觉。另外，他们比较善于隐藏自己的真情实感，让身边的人无法理解。

他（她）喜欢的收藏和纪念品是什么？

一般来说，收藏是根据每个人的兴趣爱好，将某一类物品或某一专题的物品，精心组织、收集，并妥善保管、储藏，是为自娱或供人观赏、研究等的一种很有益处的文化娱乐活动。那些爱好收藏的人是希望通过自己的这一爱好来丰富自己的休闲生活，体验美的魅力，并且可以增长知识，开阔视野，还可以结识有着相同兴趣爱好的朋友。现在，很多人都嗜好收藏，而那些收藏品往往是收藏者所喜欢的，当然，不同的收藏者，他们的收藏目的也不同。

1.收藏的目的

人们收藏一些有纪念意义的物品，各有不同的目的。比如，有人喜欢收集纪念品，是为了等待日后升值；有的人收集纪念品是为了向别人炫耀，以显示其高雅情趣，与众不同；有的人收集收藏品，纯粹是为了提高个人修养，陶冶情操；也有的人收集一些纪念品，完全是为了怀念过去。收藏品五花八门，收藏者的性格也就各具特色、相差甚远。心理学家根据人们收藏的目的不同，透析出其一些真实的性情及性格特征。

(1)作为一种习惯和爱好。

有的人把收藏作为一种习惯或者是爱好，这一类型的人喜欢追求一种高雅情趣的生活。他们在现实生活中，既有温馨和谐的家庭，也有成功的事业，另外还有收藏纪念品这样的高雅兴趣爱好。他们之所以把收藏作为一种习惯和爱好，主要是想通过这样的休闲方式来消除自己内心的烦闷情绪，消减自己工作带来的疲劳，并且希望能在休息之余学到更多的知识。这类人一般务实，他们不会浪费时间、金钱，而是充分地利用，以此来创造高质量的生活。

(2)作为一种狂热的追求。

在生活中，我们会发现这样的一类人：他们或许并不是特别有威望，在工作上也没有做出什么实质性的成绩，但是他们的兴趣却让他们的名声在外。在平时与人交往中，他们不善言辞，甚至不会开口说话，但是一旦话题转到了收藏上面来，他们的话匣子就打开了，说得口若悬河。在他们看来，说起自己的兴趣，那就是自己的骄傲，至于自己的家庭、工作是否一样取得了成功，他们并不关心。其实，这类人逃避的话题，比如工作、家庭，这些往往是他们没有做好的一方面，于是，为了填补心里的空虚，他们就把自己所有的精力投入到了收藏这一兴趣上来。

一个人越想炫耀的东西往往是自己最得意的，而那些自己想逃避的往往是不成功的。那些把收藏作为一种狂热追求的人，他们的世界里既没有工作也没有家庭，只有收藏是他们唯一的兴趣，也是唯一的精神支柱。这样的人对他们所收藏的纪念品非常珍惜，不希望自己的那些宝贝得到别人的抚摸。他们心里虽然急切地想把自己的纪念品向他人展示，来表示自己在某一方面还是比较在行的，但是他们那种爱护收藏品的心理又不允许他们这么做。这样一种矛盾的心理，常常使得他们的行为有些异常。

2.收藏不同物品的心理倾向

那些喜欢收藏品或纪念品的人，不同的收藏主人所喜欢的收藏品也不同。有的人喜欢收藏玩具，有的人喜欢收藏照片、明信片，有的人喜欢收藏那些旧的票据，还有的人喜欢收藏艺术品和古董。下面我们依据不同喜好

收藏的人,判断对方的性格特征。

(1)喜好收藏艺术品、古董的人。

有的收藏家喜欢收藏一些艺术品和古董,而通常来说,艺术品和古董是一种博学、高雅的象征,更是一种富贵的表现。因此,选择这样的收藏品,这就表明收藏者十分注重自己的社会地位和身份。他们喜欢争强好胜,常常为了收藏一些价格昂贵的古董,不惜赔上自己的血本。

(2)喜好收藏一些纪念品的人。

有的人喜欢在旅游的过程中,把一些当地具有代表性的物品收藏起来。这一类型的人通常为了寻得满意的纪念品,会到处奔波,敢于冒险,在全国各地都留下了他们的足迹。他们的勇气可嘉,喜欢探索常人不愿意尝试的新鲜东西,这使得他们在生活中也不断地追求新鲜的事物。

(3)喜好收藏儿时玩具的人。

有的人喜欢收藏童年时代的玩具,这一类型的人知足常乐,他们做任何事情都能掌握得很好。对于他们来说,家是最重要的地方,他们喜欢家的宁静和温馨。他们之所以把那些童年的玩具还保留着,这表示他们对过去十分怀念,并企图以这样一种方式来留住过去的美好回忆。在他们的内心深处,还怀着孩子般的兴奋和幸福,因此,他们在现实生活中总是洋溢着青春与活力。

(4)喜好收藏一些陈旧的票据的人。

有的人喜欢把那些已经用过的票据收集起来,比如车票。这一类型的人,他们有着较强的组织能力和领导能力,做事很认真,有条不紊。在平时的生活中,他们的注意力很容易被那些无用的细节所吸引,并且随之投入其中。有时候,他们还会作出“防患于未然”的准备,但往往是显得很多余的,那些他们担心出现的状况其实并没有出现。偶尔,他们也会想寻找一下刺激,但是总是担心这担心那,最后只好作罢。

(5)喜好收藏照片、信件的人。

有的人喜欢收藏一些以前的照片,学生时代的明信片。这一类型的人,他们喜欢回忆过去的日子,怀念过去的人和物,虽然时间已经过了很久了,但是他们那种感情依旧浓厚。他们乐于享受在人生中的种种乐趣,凡事追求完美，并尽可能使事情有一个好的结果。对他们而言，不断地回忆过去是美好的，但是未来的生活会更加美好，因此，在欣赏了过去的照片之后，他们又能精神饱满地投入到全新的生活中去。

(6)喜好收藏衣饰的人。

有的人喜欢收藏衣服、饰物，这一类型的人喜欢穿衣打扮，喜欢为了购买自己心仪的衣服和饰物而大笔挥霍金钱。他们注重外表的装饰，并想通过这样的打扮来吸引众人的注意力。他们常常把一些旧的观念和思想保留起来，试图有一天这样的思想会再有市场。表面上看起来似乎是高瞻远瞩，实际上，这样只会把自己禁锢在陈旧的思想和观念之中，把那些新思想和新观念排挤开来。

(7)喜好收藏书刊杂志的人。

还有的人喜欢收藏书籍、杂志和报纸，他们把那些已经阅读过的书籍收藏起来。这一类型的人一般都是很有学识，对生活也是乐观积极向上的。他们平时的生活就是在家里看书，喜欢安静的环境，即便是一个人也能够独自享受乐趣。虽然他们博闻强识，但是很多积累下来的知识往往是已经过时的，已经跟不上时代的发展。他们想通过自己收藏的书籍来显示自己的博学，但是结果却往往相反。

行为特点：从对方特别的行为看其潜在心思

每个人的想法、弱点、秘密、策略、内心世界等，都会通过人们的行为特点显露出来。而我们在与人交往时，总会有意无意地揣摩对方的心思，了解对方的为人。这时，我们就可以依据对方的行为特点来读懂他们。一般来说，开场白太长的人缺乏自信，喜欢当红娘的人热衷于自我表现，喜欢揭人隐私的人有较强的忌妒心，强求别人应邀的人自私而虚荣，喜欢指手画脚的人好胜心较强。总而言之，通过这些行为特点，我们就能够准确地揣摩对方的心思。这样做既可以更好地处理人与人之间微妙的关系，同时也是为了更好地保护自己。

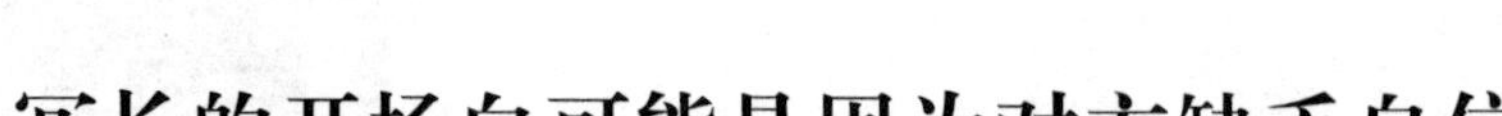

冗长的开场白可能是因为对方缺乏自信

人们在实际的人际交往中，常常为了促进彼此的人际关系，在交谈前先会有一段开场白。这个开场白主要是为了介绍自己，吸引听众的眼球，使自己得到别人的关注。事实上和对方见面时，如果不先说点开场白，就直接进入重点，可能会令他人对自己的意图产生误解，从而产生戒心，为双方的沟通带来障碍。特别是在一些商业会谈中，开场白是不可或缺的。

一般来说，开场白不宜过长，只要寥寥数语，别出心裁，就能够达到自己的交际目的。但如果一个人开场白过长，听众就会不易抓到说话的重点，你也不过是在浪费时间，徒增焦急。可是还是有人喜欢把开场白拖得很长，原因可能是多方面的，但是主要原因就是在于自己缺乏足够的自信。下面我们分析一下，为什么有很多人仍喜欢把开场白拖得很长。

1.对听者的一种体贴

有的人喜欢把开场白说得很长，其中的一个原因有可能是对听者的一种体贴。如果对方是个敏感、容易受伤的人，而直接切入问题重点，可能会对对方心理造成冲击，所以说话的人就刻意拖长开场白，以照顾对方的反应。

2.内心的不安

还有的人会考虑如果开场白太过简短，可能会使对方产生误会或露出不悦的神情，因而留下不好的印象。于是，他们怀着这样一种不安的心情，延长开场白，使自己心理得到一种安慰。其实，这就是一种缺乏自信的表现。除此之外，有很多人在应邀演讲时，也难免会把开场白拖得很长，这也是因为缺乏自信所作的一种辩解。

为什么有的人会利用开场白为自己辩解？通常情况下，过长的开场白可以隐藏自己的不安情绪，害怕不能清楚地表达自己的意思，于是画蛇添足，认为开场白越长越好。于是，有些人就会借很长的开场白来为自己辩解，因此，这一类型的人是小心翼翼的人。

开场白太长固然令人不耐烦，但有很多人却矫枉过正，在面对上司、前辈时，生怕自己过长的开场白会使对方产生反感而遭斥责，所以不断地顾虑对方的态度，这就显得太反常了。

其实，说话者无非是为了更详细地表达自己的意思，所以才有很长的开场白。这其中最重要的原因就是基于内心的不安，而这也是一种缺乏自信的表现。

总爱给人当红娘的人可能喜欢自我表现

在生活中，我们经常会遇到这样一类人，他们乐于给别人介绍朋友，喜欢当红娘。如果他第一次见到你就知道你是单身的，他就会立即对你的事情充满了热心，不顾你的婉拒，主动为你介绍一些朋友。表面上看他们极富热情，热衷于为你到处张罗，甚至把你的事情就当做自己的事情。于是，这时你就会不忍拒了对方的好意，让他为你忙乎着。其实，这一类型的人大多是热衷于自我表现，他们通过为你到处介绍朋友来使自己得到表现，满足一种内心的虚荣感。他们只是为了在你面前彰显自己广博的交际，以及他们所谓的熟识朋友。而一般情况下，他们只是喜欢干这样的事情，而成功不成功就不在他们的考虑之列了。

通常情况下，他会热情地说："听说你明天休息，正好我让你见见我一个朋友，他是个很优秀的人，保证你见了之后会满意的。"他们就是这样，不等你开口，他就会主动为你安排了相亲见面会。热情之高简直有点让你招架不住，如果你开始拒绝，他就会劝你说："我那朋友真是个与众不同的人，绝对能让你满意，这不，昨天他还让我给他介绍个对象呢，你看，这么好的事情

偏偏就让你碰上了。”

如果你愿意相信这位仁兄的介绍，周末打扮得漂亮点去赴约，并且真心地渴望认识一位像他说的那样优秀的朋友，彼此能够结识一段缘分，成功地让你结束单身生活，那么这种人的好意实在不错。但多半情形都是尽管你准时赴约了，按地址见到了其人，情况却与你预期的不同。其中原因可能是因为被推荐人并不像介绍人所说的那么优秀，而且他们两人也没有什么特别亲密的关系，对方也没有委托他给自己介绍朋友。于是，当你怀着一种美好的心情去见面，却得到冷淡的待遇，最后带着失望的心情而归。

如果介绍人有一个远方亲戚刚从国外回来，那么，这个介绍人想发挥自己影响力的欲望也就更强烈，所以我们可能会听到他说：“喂！我有个跟我关系很好的表哥刚从美国回来，我可以带你去见见他，他可是高学位、高智商、高收入的钻石王老五呢，怎么样？这个周末有空吗？有空的话，我给你们引见引见。”如此一一介绍，说得你也有些心动。而如果当事人信以为真，想借着介绍人的面子和关系认识一个优秀的朋友，结果可能又和前述境遇相同，不但自己的期待幻灭，对方也许根本不知道介绍人为何人，更别说跟他关系好不好了。

这种人，为什么如此热衷于帮别人介绍朋友？主要有以下两个方面的原因。

1.满足自己爱管闲事的冲动

他们之所以那么喜欢为别人介绍朋友，乐意当红娘，主要原因之一就是这些介绍人可以通过为人介绍这一行为，来满足自己爱管闲事的冲动。可能他们在生活中或工作中显得无所事事，就会忍不住心里的冲动，到处做闲事。而为别人介绍朋友，当一个热心的红娘就成了他们的选择。

2.一方面出于好意，一方面展示自己的人际关系

当然，他们一方面是出于好意，体念朋友一个人孤独寂寞，希望通过自己为他介绍一个知心朋友；但另一方面，也是向朋友表示他拥有较广的人际关系，那些很多优秀的人才，他都认识，因此他很有办法。于是，他就在为你介绍朋友的过程中，竭力地展现自己的能力，以博得你的赞赏。

这些介绍人，表明上看来似乎很乐意照顾别人，似乎是本着“助人为快

乐之本”之心,事实上他们无法发觉自己并未尽到介绍人的责任,只是以此满足自己而已。他们的想法未免太单纯,因为他们既然要替人介绍,至少应该知道必须对当事人双方负责任。

总而言之,那些喜欢替人介绍、乐于当红娘的人,他们并未真正替被推荐人或第三者考虑,他们在乎的往往是希望表现自己的能力。所以,大家不要把他们的行为和真正喜欢照顾别人混为一谈。

喜欢揭短的人可能有很强的嫉妒心

在日常生活中,我们发现有很多人喜欢揭人隐私,他们以偷窥别人的私生活为乐,有的人甚至把别人的隐私作为茶余饭后的谈资,在谈论别人的隐私时还禁不住带种自豪感。实际上,也许没有人不喜欢听他人的隐私,所以报纸杂志,才会乐于报道政治家、企业家、文体明星的新闻。每一个人都具有强烈的好奇心,特别是对他人不为人知的一面,或者自己从来没有听到过的消息。别人越是想遮盖的秘密,他就越有一种掀开神秘面纱的强烈欲望,想了解对方的隐私。造成这样的心理,主要原因就是其内心强烈的忌妒心的驱使。

其实,从心理学上来说,每一个人都有一种偷窥癖,只是每个人的兴趣程度大小不一。有的人善于克制自己的那种偷窥的欲望,对于别人不想说的秘密就不会到处打听;但有的人虽然知道这是不对的,甚至显得有点不道德,但是他们就是克制不住内心的那种偷窥的欲望。大多数女性尤其喜欢在背后谈论别人的隐私,其实男性毫不逊色,他们在下班后几个人聚在一起喝酒时,也会谈起工作单位中有关他人隐私的消息,一来这可使其解除在工作单位中的紧张;二来也可以得到工作单位中得不到的情报。

如果是同一工作单位中的四五个同事聚在一起,他们谈论的话题总喜欢围绕工作单位中同事的一些消息打转。在这种谈话场合,有的人扮演的是提供话题的角色,在大家面前揭露他人隐私;有的人则扮演听众的角色,

对别人的隐私进行评论。于是,说闲话的条件便成立了。其实,我们可以仔细观察这种揭人隐私提供话题的人与听众,他们的心理动机到底何在呢?下面我们通过几个方面来分析一下。

1.为了排解欲望得不到满足的心理郁闷

很多人愿意与几个同事一起谈论别人的隐私,大多都是为了排解欲望得不到满足的心理郁闷。有可能是在工作中由于与上司的价值观有差异,出现不同的想法和意见,而自己的意见未被采纳;有可能是因为在工作中与某位同事出现了一点小摩擦,而自己一直记在内心。于是,这一类型的人心中感觉痛苦,异常烦闷,才会提供这些话题。

当然,聪明的他们并不能把这种情形当作是自己本身的问题,在揭露别人隐私的时候也不会显露自己对当事人的一点看法,表面上看他们只是把客观存在的事件叙述出来。他们会认为是全工作单位的人都对某位人物感到不满,所以他有义务揭露他人的隐私,让大家憎恨与攻击的欲望得到满足。因此,他们往往会在言谈之中,故意说一些刻薄的话,并希望听众能与自己站在同一立场上。

2.基于忌妒的心理

通常情况下,人们在谈论这一类话题的对象,不是上司、部下,而是同事。所以,这类话题容易得到上司的赏识,并且深受异性的欢迎。因为人们对自己的上司或者下属都不会产生忌妒心理,唯有对可能成为自己对手的同事产生一些忌妒。他们千方百计打听对方的一些事情,一旦发现一点能破坏对方形象的事情,就会大肆渲染。所以,他们一般提供的话题,内容往往是对方的私生活,以企图破坏其形象,使自己心里获得一种满足感。而如果再加上听众对这个对象也不怀好意,并对其私生活进行胡乱地批评,那么提供话题者的目的就更易达成。

3.听众可以通过种种隐私,掌握平常在工作单位里上司不为人知的一面

有时候,人们通过对别人隐私的谈论,透过种种隐私,掌握一些平常在工作单位上司不为人知的一面。听众得到的信息中,发现上司与以往截然不同的一些印象。也许以前认为话题的对象是个异常严厉的人,想不到听了有关他的传言,才知道他原本很有人情味;也许平常看他说得天花乱坠,

以为他有多么了不起，事实上不过是个庸俗的人物。人们通过谈论他人不为人知的一面，就会觉得自己又掌握了一些对他人的了解，那种感觉就好像突然得到了某种秘密而发出的自豪感和满足感。

4.对他人怀有敌意、羡慕、自卑等情结

很多人在一起时，窥探别人的私生活，并对他人的隐私或私生活进行评价。其实，不管是提供消息的人，还是听众，他们无非就是心中对对方怀有敌意、羡慕、自卑等情结，所以，他们才能凑在一块，对他人的种种隐私谈得不亦乐乎。一旦听众认为提供话题的人所说的内容与事实不符时，就会把这个人当作造谣生事的人，而对传闻置之不理。

强求别人赴约的人可能私心重还虚荣

在很多社交场合，有的人喜欢用强迫的方式邀请别人，明明别人是不愿意被邀请的，他们仍然坚持再三要求别人应邀，他们简直就是直接忽略了拒绝者的心意和立场。他们在面临对方拒绝时，会一再重申自己的意见，以为如此对方就不会再拒绝，他们往往只顾自己的想法，为了让他人应邀，甚至摆出一种强硬的态度，最终使别人不得不勉强应约。

其实，那些喜欢强求别人应邀的人是比较自私而虚荣的。他们在邀请对方的时候，虽说是出自真心的，但是过分地强求就会使这种看似真心的邀请有些变味。他们会因为家里有个聚会或者自己想出去玩乐一下，就不停地向朋友或同事发出邀请。如果被邀请的人适当地拒绝了，他们就会找出很多理由来不厌其烦地说服他，甚至无视对方真的有事或者已经有了约会，他们还会说出“是不是不给我面子”或者“你把那个聚会推了嘛”这样的话语，完全不考虑当事人的立场。实际上，他们都是极其自私的人，总希望身边的朋友或同事都以自己为中心，结果往往搞得被邀请人进退两难，而邀请人还在旁边使劲地劝。

我们仔细观察那些强求别人应邀的人，他们大多是既自私又虚荣的人，

而他们的心理动机主要表现为下面四种，我们现在来简单地分析一下。

1.把朋友的拒绝当作客套

有的邀请人在面对对方的拒绝的时候，就会一相情愿地猜测对方的心理，他们甚至会自作聪明地把这样的拒绝当作一种客气的推辞。当面对这样的情况，他就会试图打消对方的顾虑心理："你不必跟我这么客气嘛！"但对方如果再次拒绝，他仍要求："我看你真是太客气了，现在都已经下班了，你就跟我们一起出去轻松一下，不要总是这么认真嘛！"一再发挥自认为的想法，他们完全不会仔细思考对方的心理，有可能对方是因为工作一天太累了，不想出去玩了；甚至有可能他从内心来讲根本就不愿意跟你一起出去玩，找个借口来拒绝你，只是委婉地表达自己的想法。

2.认为对方拒绝，就是一种疏远

有的人在邀请对方的时候，遭遇到拒绝，他就会认为这是朋友故意的，他拒绝的目的就是疏远自己，断绝与自己的朋友关系。所以，对方委婉地拒绝，他们心里就会感到莫大的失望，甚至这样的一种失望情绪转而变成一种责备口吻："我真心实意地邀请你，你却再三拒绝，不给我面子，真是太不够意思了！"语气里已经表示出不快的情绪，并且表示出好像对方如果不去的话就会破坏大家的兴致，把对方完全推到了一个难堪的境地，而他们心里却一点没有感觉到不妥当。

他们试图勉强对方，当对方推辞"你实在有所不知，因为我已经和另一位朋友约好了，我们上周就已经约好了，所以真的没有办法！"时，邀请人仍不会放弃，还故意刺激他："我看你是不把我当朋友吧！"以话中有话的方式来激将。甚至邀请者还会联想：就是他另外一位朋友在破坏我们两人的友情。他们只为自己的邀请没有被答应而不快，他们只担心自己没有得到满意的答复，而完全不顾对方心里的感受。或许对方在拒绝的时候，是真的有个重要的约会，并不是想跟你断绝朋友的关系。

3.因为寂寞邀请别人

有时候，他自己不愿意一个人独自出去玩，这样会觉得寂寞，而之前他也有过与朋友一起玩乐的经历。并且他认为只有朋友的相伴，才能使自己玩得比较尽兴，如果朋友不答应邀请，自己就会失去玩乐的兴趣。其实，这根本就是因为邀请人从心理上依赖他人，希望自己在任何时候都能够得到朋友的相伴，而毫不顾及朋友自己的生活空间。在这种情况下，他们想到的是如果对方拒绝，自己会显得多么无助、寂寞，甚至无法通过玩乐来获得某种兴趣。他们甚至认为自己是否能够获得快乐，决定于对方是否答应应约。这一类型的人独立性不强，喜欢依赖别人。他们根本没有意识到，对方的拒绝只是不想老是被你依赖，自己也想有个自由的空间。

4.满足其虚荣心

还有的邀请人希望对方满足其虚荣心，听他炫耀，或让他发泄不满和愤怒的情绪。他们认为自己邀请对方，是给了对方很大的恩惠，对方就应该答应自己的邀请。而有时候，自己邀请对方其实并没有什么特别重要的事情，只是出于内心的一种虚荣感，希望在朋友面前吹嘘自己的丰功伟绩，有时候，甚至因为自己情绪很坏，而希望得到朋友的相伴。他们通常大多在考虑怎么满足自己的虚荣心，而完全忽略对方内心的真实想法。

其实，只要我们仔细分析这些邀请人的心理动机，就可以了解他们为什么会出现那种强迫行为。这一类型的人，希望自己依赖的对象能满足自己的倾诉等欲望，所以完全忽略他人的权利和心理动机，勉强别人来满足自己的欲望。因此，他们大多是自私而虚荣的。

爱对别人指手画脚的人可能好胜心强

生活中，我们经常看见有的人在说话的时候，喜欢指手画脚，并且他们所做出的动作还挺大。其实，他们之所以喜欢指手画脚，是因为内心强烈的好胜心的无意显露。他们总认为别人会听不懂他的语言表达，总希望依靠自己的手势来补充一些内容，但往往给人造成的感觉就是显得不够理性，情绪容易激动。而在有的场合，还会给人一种不礼貌的感觉。

一般来说，这类指手画脚且动作幅度大的人感情比较丰富。这种人总是急于表达自己的情感，宣泄自己的情绪，而往往忽略了他人的感受，是属

于个性较为强势的人。正因为他们只考虑自己而忽视他人的感受，基本上是属于比较自私的个性。他们与那些身体僵硬、言行拘谨的人正好相反，这类人的行为举止和自己情感、情绪的表达有非常密切的关系。当他们情绪高昂时，身体的动作便自然多了；如果他们心中有不吐不快的事情时，手的动作也会不自觉地夸张起来。他们拥有较强的自主性，如果缺乏主见的人和他们在一起，就有可能会被其强势的气焰压制住。

特别是有的人连打电话都会夸张地指手画脚，明明看不到对方，却好像对方就在眼前似的，一个人拿着电话，一边指手画脚地讲得不亦乐乎。这一类型的人，如果对一件事物热衷起来，他们就不会把其他的事放在眼里。除此之外，他们也是好胜心非常强的人，如果身边有强势对手出现的话，他们一定会使出浑身解数，绝不输给对方。

同时，这一类型的人在工作上大多相当有能力，他们个性积极，对自己想说的话、想做的事，都能通过流畅的语言表达能力，轻易地传达给他人。再加上他们拥有较强的说服能力，因此这在一定程度上提高了其办事的成功率。他们在日常的生活中，喜欢指手画脚，并且动作比较夸大，极富感染力，好像在演戏似的，因此周围的人很容易受他们的感染而情绪兴奋。而在工作职场或团体中，他就可以依靠自己的那种感染力和影响力带动他人和自己一起向前冲，是创造活跃气氛、使大家团结为一体的高手。

另外，这一类型的人，他们会在自己的工作中独当一面，也会在工作之余的其他方面表现出游刃有余的深厚功底。对于在任何场合说任何话，在任何场合做任何事情，他们都会拿捏得十分恰当。但是，这类人也有软肋，那就是在挫折和困难面前，会变得十分脆弱，甚至会在重大的打击之下一蹶不振。所以，当他感到十分失落的时候，对他说一些鼓励的话是没有任何作用的。最佳的办法，就是给他创造出一个新的环境，当他身处一个全新的环境时，他自然会忘记前面的失败，从而激发出内心的好胜心，使他能够振作起来。除此之外，他们也常常需要看一些励志性的书籍，借以鞭策自己，促使自己获得成功。

职场举动：从他人在工作场合的表现看其人

在工作的时候仔细观察身边的同事与上司，你就会发现他们的一言一行、一举一动中隐含着许多的秘密。所以，你完全可以根据他们在职场中的种种表现来读懂他们。例如，一般来说，那些对工作不负责任的人，他们对生活也是十分懈怠的。你可以通过同事那千变万化的面部表情，猜测到其内心的真实想法；你还可以通过同事有意无意间表现出来的小动作，来发现他们对你的意见。而作为一个上司来说，应该学学古代兵法书中的选人术，这样才能够慧眼识千里马；还要学会通过一些技巧，快速看穿下属的庐山真面目。人们都说，职场如战场，稍有不慎，就会深陷其中，惨遭厄运。但是只要你能够在职场读懂你身边的人，那么你就会在职场中如鱼得水，应付自如。

工作不负责,生活也会懈怠

一般情况下,人们会把一些生活习惯带进工作中去。同样的道理,人们对工作的一些态度,也会逐渐地渗透到生活中去。人们在自然而然中都会将自己的生活态度表现在对工作的态度上,所以若想认识和了解一个人的生活态度,可以从他对工作的态度上进行观察。实际上,那些对工作不负责任的人对生活也是十分懈怠的。

一般来说,那些对工作十分认真的人,他在生活中也会显得十分热情,他会把那种投注在工作中的热情融入到生活中。在生活中遇到任何事情,他们都勇于承担责任;在生活中,没有机会的时候他们会积极地寻找机会、创造机会,有机会的时候会牢牢地把握住机会,他们大多很容易获得幸福的生活。

小李在公司工作已经三年了,直到现在还在原地踏步,仍然只是一个小职员。虽然他本人对此也感到十分苦恼,但是却毫无办法。小李的主管看见他这个样子,真有种"朽木不可雕也"的感叹。

这次,公司业务部新拉了两个客户过来,主管想给小李一个升职的机会,就把小李喊到办公室:"这次你去吧,客户都是比较好说话的,只要你能随机应变,就一定能完成工作任务。"小李显得有点犹豫:"我——我——我怕我不行。"主管有点生气了,但还是规劝道:"你看跟你一起进公司的人,发展最好的已经晋升到总经理的位置了,你还依旧这样,你也得为自己的工作尽份力量,为公司尽点责任。"看着恨铁不成钢的主管,小李硬着头皮接了下来。

等到第二天,已经准备出发时,小李来到主管办公室,支支吾吾地说:"主管,看来我真的不行,我怕到时候把这个客户得罪了,把业务丢了就不好办了,你还是另派一个人去吧。"主管气得说不出话来,只是一个劲地叹气。

公司同事知道了这件事情,都不禁对小李的情况议论纷纷:"小李真是,面对大好的机会畏畏缩缩，永远干不成大事”“是啊，真是，公司新来的员工办事都比他强”“唉，就别说他了，他那人就那样，都三十好几了，连女朋友都没有谈呢”“啊？……”

在我们日常生活中，像小李这样的人大有人在，他们在面对一件工作的时候，首先想到的是自己该负担的责任、后果等问题。他们总是担心失败了会怎样，所以经常会表现出犹豫不决的神态。由于顾虑的东西实在太多，行动起来就会瞻前顾后，畏首畏尾，最后往往会以失败而告终。而当工作失败了，他们就会不断地找一些客观的理由和借口为自己开脱，以设法推卸和逃避责任，这种人多半是自私而又爱慕虚荣的，他们常常以自我为中心。他们在生活中也是一样的态度，对生活很懈怠，总是对生活充满了抱怨。如果自己过得很不开心，他们不会仔细思考自己的态度问题，而是怨天尤人。如果遇到追寻幸福的机会，他们也会显得犹豫不决，于是常常不能在生活中获得一种满足。

事实上，那些对工作不负责任的人，早在他们心里就形成了一种逃避责任，推卸责任的心理。所以，当他们在生活中遇到一些困难和挫折的时候，就会习惯性地开始逃避现实，把自己的不幸归结于很多客观原因，不会真正地反省自己。他们对生活无法持有一种积极乐观的态度，而是抱有一种十分懈怠的态度。所以，这一类型的人，他们不管是在工作还是生活中，都无法获得一种心理的满足感，也无法获得真正的成功与幸福。

从面部细节了解同事内心

在我们身边的同事中，有很多善于伪装自己的人，我们称这样的人是表里不一的人。其实，面对这样的人我们常常难以分辨出他们的真实面目。当他用善良的外表来掩饰内心的邪恶，用外表的贤德来掩饰内心的奸诈，那就更难以猜测他那假面具后面那张真实的脸了。对于每一个人来说，一旦感情和表情不统一了，那一个人就失去了内心的平衡。于是，他们就会通过

面部的一些细节表现出来。当你和同事相处的时候,不能只看他的表面,应该透过其表面想象来摸清对方的内心,特别是他那变化多端的脸部表情,里面可隐藏了不少的内心秘密。

据说,有的戏剧学院还专门设了一个学科,那就是训练人们的表情不同于感情。一般来说,感情和表情都有一定的统一性,比如当你开心的时候,你表现出来的一定是笑容而不是哭泣。而训练表情不同于感情,那就是当你内心感到痛苦或愤怒的时候,却要在表情上显示出轻松的状态。我们不难发现,要想做一个感情和表情不一致的人是多么的不容易。在更多的时候,即便是对方很善于伪装自己,但我们还是可以通过表情来推测其内心的真实想法。

有一位推销图书的业务员谈过这样一个经验:当他拿着一本图书的样本递给一位客户的时候,趁机仔细观察着那位客户的面部表情。这时候他选择坐在客户的身边,因为坐在客户的身边容易看清客户脸上肌肉的变化,当客人翻阅样本的时候,通常在他的脸上就有了买和不买的决断了。客户的表情或许不怎么明确,但是经过长时间的琢磨,却非常有趣,因此有经验的推销员往往一眼就能看清对方的心理。

由此可见,表情也能反映一个人内心的感情。所以,你在与同事相处的时候,要善于捕捉对方面部表情的细微变化,并透过这些细小的变化来读懂他的心思。或者是他的一个笑容,或者是面无表情,或者是嘴形,或者是一个不经意的皱眉。

1.几种常见的笑容

我们通过仔细观察,就会发现人们的笑容不外乎就那几种常见的笑容。如微笑、轻笑、大笑、羞涩的笑、皮笑肉不笑、憎恨时的笑容。下面我们就一一作简单的介绍。

(1)微笑。微笑是指不露出牙齿的笑容,这是一种会心的笑法,有默契的暗示或者表示出事不关己的态度。通常情况下,微笑都是一个比较善意的表情。

(2)轻笑。轻笑的时候露出了上牙,嘴唇稍微裂开,这样的笑容一般出现在招呼新朋友的时候,作为打招呼的一种。

(3)大笑。大笑通常是人们非常开心的时候所展示的，上下门牙全都露出来，并且发出了爽朗的笑声。如果你身边的同事发出这种笑声，那么这时候他的心情应该是非常激动的。

(4)羞涩的笑容。人们在显得不好意思的时候，就会轻抿小嘴，露出一个羞涩的笑容。对于这种笑容来说，通常是那些涉世很浅的同事所特别具有的笑容。

(5)皮笑肉不笑。有的人的笑容显得很假，皮笑肉不笑，他们的笑容并不是发自内心的，而是装出来的。这样的笑容一般出现在一些老谋深算的高层人士脸上，他们大多比较有心机，做事也显得很沉稳。

(6)憎恨时的笑容。有时候，人们在愤怒或憎恨的时候同样会微笑。那是因为人们不想把内心的欲望或想法暴露出来，就强力克制住自己愤怒的情绪，勉强露出一个微笑。在与同事相处的时候，如果轻易地流露出愤怒、憎恨、悲哀以及恐怖等神情，很容易招来很多麻烦，影响工作。所以，很多人都是通过微笑来压抑负面的感情，表现出喜悦和愉快的神情。

2.面无表情

有的同事虽然心中对你有不满情绪，却不想表现出来以显得自己心胸狭窄，只好拼命做出一副潇洒的样子。事实上，这时候他内心的怒气很大，只不过是拼命地压抑下来而已。如果你在这时候进一步观察同事的面部表情，就会看到那张冷冰冰的脸上任何喜怒哀乐都掩盖住了，只是一副面无表情的样子。即便是面无表情，不同的同事也会有不同的表现，而他们所表达出来的情感也是不同的。

(1)愤怒的情绪。有的同事正处于愤怒的情绪之中，而这时候他还有一种紧迫感增加的话，眼睛立即会瞪得非常大，鼻孔也会显出皱纹来，或者在脸上有抽搐的现象。你在与同事相处的时候，发现了同事的面部抽搐，那就表示他正陷入强烈的不满与冲动情绪中。假如碰到这种情况的时候，要去安抚他，先稳住他的情绪，不要直接与他对质或询问。

(2)漠不关心。同样都是毫无表情，不过也有不同的情形，有的人表现出来的面无表情就是一种非常不关心的态度。比如你在对一位同事说着正在发生的事情时，他只是在那里面无表情，一言不发，那就证明他对事情的

发展毫不关心，你最好就此打住，如果继续说下去，只会增加他对你的反感情绪。

(3)矛盾心理。有时候，你会发现同事们在一起开会的时候，有的人静静地看着一个地方，面无表情，好像无所适从。其实，这种神情并非是冷淡，或许表示某种好感。特别对于女同事来讲，她们不想公开自己内心的真实情感，经常会露出与心里相反的表情来。有些同事想掩饰矛盾的心情，于是露出了冷漠的表情。

3.嘴形变化

人们还可以通过对方嘴形的变化，来透析对方的心理变化。当人们在表达震惊的情感时，他们的嘴会不自觉地张开，下颚的肌肉往往很放松，并且向下垂；如果一个人对某件事情产生了浓厚的兴趣，往往会张开嘴巴，眼角下的面部肌肉会松弛。

4.不经意的皱眉

一个人内心的不愉快或者迷惑常常能够借助皱眉表露出来。比如他在忌妒或者不信任的时候往往会扬起眉毛；如果他想采用敌对的行为的时候，往往会绷紧下颚上的肌肉，嘴唇也往往闭上了，同样瞪视对方，眉毛也会扬起显示出挑衅的意味。

一般来说，脸部的肌肉要比身体上其他部位的肌肉发达许多，它们常常能随着不同情绪的变化而紧跟着发生相应情感的变化，特别是眼睛和嘴周围的肌肉更为发达。要想识别同事的面部细节所表达出来的真实情感，这并不是一朝一夕就能够练就的能力，这需要你不断地加以练习。而有一种方法能够帮助你从表情中去体察同事的深层心理，那就是把电视机的声音关了，接着聚精会神地去观察画面，那样一来就能从演员的表情上去揣摩人物的心理活动。

同事对你意见如何，从小动作了解

现代心理学的研究证明，一个人不经意间表现出来的小动作能够反映出一个人对别人所保持的态度或者意见。在很多时候,每一个人的小动作就隐藏着其内心的真实想法。特别是在与同事相处的时候,我们可以通过观察对方的一些小动作来发现他们对自己的意见。一些心理实验表明,如果你与一个你很讨厌的人在一起,只会出现两种相对的反应。要么就是显得太随便,根本不在乎对方的想法;要么就是显得太拘谨,看起来无所适从,甚至手都不知道该放在哪里。而这些表现出来的不同的反应,正好可以揣测出同事对我们的意见。

每个人都有心情不好的时候,特别是由于别人造成的情况,他会表现得尤其突出,从而表现出烦躁不安。这些情绪除了通过面部表情及口头语言表现出来以外,还通过一些小动作显现出来。下面我们就介绍几种人们常见的小动作。

1.习惯用手拢头发的人

有的同事喜欢用指尖拢头发、轻搔面部,或是把食指放在嘴唇上。他们这一类的人性格比较开朗、乐观,虽然在面对生活或工作中的困难时也会出现失望、沮丧的心情,但是他们能在最短的时间内调整好自己的心态,坦然面对这一切,并致力于寻找解决问题的办法。

如果你的同事在你面前作出这样的小动作,那就表明他对你的谈话没有多大的兴趣,显得有点左顾右盼,漫不经心。他们或许正在思考自己的问题,并且认为你是在打扰他,但他们会碍于情面而不表露出来。

2.喜欢用嘴咬住一些物品的人

在办公室,我们经常会发现有的人喜欢用嘴咬眼镜腿、铅笔或者其他一些物品。这一类型的人喜欢我行我素,不喜欢受人管制。他们做出这样的动作,是想掩饰自己恶劣的情绪,不想让别人知道。在这种情况下,你千万不要上前搭话,以免加重其恶劣的情绪。但在有时候,这样的小动作也无法克制他内心的那种不满情绪,他们的情绪有可能会进一步恶化,有可能在突然之间爆发出来。

3.习惯用手抚摸下巴的人

有的人习惯于用手抚摸下巴或者抓着下巴。作出这样小动作的人大多比较世故圆滑,有较深的城府。他们这样不断地抚摸下巴只是想使自己镇

静下来,克制自己内心的不满情绪,以免自己冲动之下作出什么举动来;同时,他也在思考下一步的对策。

4.喜欢两手互相摩擦的人

有的人习惯两手不停地摩擦。这一类型的人对自己充满了信心,喜欢挑战自我,并且在成功的路上敢于承担一定的风险。一旦他们决定去做某件事情的时候,就会一直坚持下去,而不会轻易改变主意和行动方向,所以他们在某些时候显得比较固执。而通常当他们出现这种情况的时候,就是烦躁不安、心情郁闷的时候。

5.喜欢咬牙切齿

有的人在烦躁不安的时候喜欢咬牙切齿,这一类型的人情绪变化无常,显得很不稳定。他们的心胸不是很宽广,喜欢意气用事,就连理智也无法把握感情。

当你在职场上和同事相处的时候,能够通过对方的一些小动作透析出其心里的真实想法,进而有效地掌控对方的心思,那么你在与他相处的时候,就会轻松很多,显得轻松自如,游刃有余。

古代兵法中是怎样甄选人才的

现代社会,人们越来越关注那些古代遗留下来的文化瑰宝。比如很多在商海驰骋多年的老板,手边都必备一本《孙子兵法》;而很多人还通过《三国演义》来学习一些做人、说话的技巧。因此,作为一个领导者,也应该学学古代兵法术的选人术,这样才能因地制宜地有效利用人才。

其实,早在中国的古代兵法术中,就隐含了一些识人术。比如,中国最古老的兵法《六韬》,里面详述了种种看穿对方心思的方法,其中对选人比较实用的有如下几种。领导者可以借鉴这样几种方法,能够帮助你怎样快速识别下属而来选择优秀的人才。

1.如何有效地提问

领导者可以通过向对方提问来选择人才，而提问也是有很多技巧的。有的人需要问之以言，以观其详；有的人需要穷之以词，以观其变；而有的人则需要明白显问，以观其德。这样，不同的提问技巧，就可以通过其反应而看穿对方的心思。下面我们就简单地介绍一下提问的技巧。

(1)不断地追问。

领导者要善于使用"穷之以词"，来观察对方的反应。你可以针对某个问题对其进行追问，而且越问越深入，使人难以招架，并以此观察对方的反应。通常那些缺乏自信的人，在面对你的追问之下，就显得手足无措，一副慌张的样子，甚至不知道如何来应对；而那些对自己充满自信的人，即便是面对一连串的问题，他们也能从容不迫，保持镇定，思路清晰地来回答你的问题。

同时，你也可以通过对方的表情来判断出对方是什么样的人。如果他对一件事情并不是很了解的时候，就会出现慌张的表情，左顾右盼，不知所措；而对事情完全了解的人就会保持镇静的表情，连眼睛也不眨一下。

(2)多方面的质问。

领导者可以对下属进行多方面的质问，从中可以观察对方到底知道多少。实际上，如何来判断对方到底了解多少，并不只是靠问题的表面形式，而是要注重问题的深度。有的问题只是形式上的问题，不足以挖掘出对方更深层的东西，比如"你平时都喜欢干什么"。而有的问题则可以直接进入重点，通过对方的回答看出对方的才能、思想程度，比如"你对这个问题是怎么看的"。领导在向下属提问的时候，要多问一些有深度的问题，而不是为了提问而提问。

有些时候，我们会被一个人的外表和言行举止所蒙骗。当你对其进行多方面的质问之后，你就会发现这样的事实的确存在。比如，那些平时看似应变有方的人，在面对提问时却支支吾吾，或是答非所问；而看似不够机灵的人，却往往能提出解决问题的有效方法。

(3)坦率而问。

作为领导者，你还要善于使用这样的办法，那就是把自己的秘密坦率地

说出来，以此来考验他是否值得信赖。对方是否能守住秘密，你不妨故意泄露个秘密给他，试探一下他，如果他能够坚守这个秘密，那么他无疑是值得你去信赖的。如果他在前脚听了你的秘密，后脚就跑去告诉了别人，这种无法守密的人，就不要重用，不能信任，需要敬而远之。而那些能够为你保守秘密的人，才是你值得信任的人。

2.如何判断其是否清廉

有时候，领导者需要考察一个人是否清廉，那么你就可以让他处理财务，以此来判断他是否是一个清廉的人。因为，每一个人在面对金钱诱惑的时候，都会忍不住伸出罪恶的手。比如，你可以把他调到容易拿到回扣的单位去工作，经过一段时间的观察，你就能清楚地了解对方是否清廉。如果他在工作期间，禁不住内心的欲望，见钱眼开，那就表明他不是清廉的。

3.如何判断出其态度

领导者要想判断出对方的态度，你可以请他喝酒，以此来观察他的态度。有的人虽然平时显得彬彬有礼，工作也做得很到位，但是三杯酒下肚就会露出其真实面目，他们只会满腹牢骚，以此发泄其内心的不满情绪。那么，你就可以判断出他一定是一个经常怀有不满，心中有强烈的忌妒心，甚至有害人之心的人。

一般而言，人们在酒醉之后都会表现出真实的一面，所说的话也是平时不敢说的，所做的事情也是平时不敢做的。俗话说："酒后吐真言。"而领导者可以在下属酒醉之后，观察其言行，透析出其真实的面目。

4.如何判断出其胆识

领导者要想判断下属的胆识、勇气，那么你不妨把一些有难度的工作交给他，把一些难以处理的事情交给他去处理，以此来观察他的反应。派给他们有难度的工作任务，他是否能够妥善完成，那就能表现出其胆识、勇气。在这样的情况下，那些个性比较懦弱、对工作不负责任的人，他们在遇到困难时就会慌张失色。而那些有胆识、有勇气的人，则会把所有的事情给予恰当的处理。

小小妙招帮你看透下属

作为一个管理型的领导者,必须具备识人的能力,能够快速看穿下属的真面目。在很多时候,领导容易被下属的外表迷惑,而作出错误的判断。领导要想看穿下属的真面目,就应该学会由表及里,抓住他的主要特点,揭开对方的伪装面具,看清楚其真实面目。领导者在识人的实际过程中,他们往往容易被下属的外表和漂亮的言辞所欺骗,并且委以重任,结果是因为他一个人而导致整个任务失败。因此,领导者不要以外表看人,而是需要以才看人。

很多领导者在识人的过程中,很容易陷入一些误区,比如以外表看人、以学历看人等。其实,这些都是单方面的,并不能真实地判断出下属的真实面目。下面我们简单地介绍领导者容易陷入的两个误区。

1.以表识人

通常情况下,领导者进行新人面试的时候,如果面对的是一个外表光鲜靓丽的绅士,领导者就会觉得赏心悦目。但是在这时候,领导者的眼睛就容易停留在对方的外表上,而忽视了与工作有关的方面,比如能力、学识等其他因素。有时候,光鲜的外表并不能说明他的能力就如他的外表一样让人称赞。而对于公司来说,领导者并不是在选美,而是在挑选人才;有时候,一个穿着随便的人也许会成为公司发展的栋梁之才。

2.以学历识人

在很多时候,领导者还容易犯的另一种错误就是过于看重文凭。其实,在这样的问题上,领导者作为一个管理者,应看重的是他本人的实际能力,而不仅仅是他所毕业学校的名气。而偏偏很多企业和领导者都注重于学历,当有的领导在面试新人的时候,看到对方的名牌大学的文凭,他就会表示出欣赏的目光,而对于那些毕业于名不见经传的学校的人往往根本不加考虑。如果一个领导很容易被应试者的文凭所迷惑的话,他往往只会得到一群庸人而失去很多具有真才实学的人才。

除此之外,领导者还容易陷入各种各样的识人误区,而这时候需要领导

具备一双慧眼，才能识破下属的真面目，而更有利于工作的积极开展。那么，怎样才能避免仅以外表识才的错误呢？作为一个领导者要想较多较好地识别和发现有潜力的人才，必须注意以下几点：

1.观其行

通常情况下，一个人的行为往往体现了他内心的某种追求。当一个人来到了新的岗位上，进入到工作状态中去，他就会为了加薪、升职而付出无限的努力，并极力追求一些在自己能力之上的荣誉。而有的人却不表现出这样的行为，他们平时只是默默专注于自己的工作，不会刻意去表现自己，突出自我，所以他们的身份也显得无足轻重，这样的人没有什么追求，只求当一天和尚撞一天钟。前者因为心里有追求，他就会在工作上表现优异，而后者并没有太大的追求，所以一直在原地踏步。领导则可以通过下属在工作中表现出来的行为来判断出这样的人是否可靠。

2.听其言

一般来说，一个人的所言即为心中所思，因而就更能真实地反映和表达他们真实的思想感情。在很多企业或公司中，有很多潜在的人才，他们在很多时候都不得志，从他们嘴里说出的话，大都是内心的真心话，都是肺腑之言，不带一点虚伪与做作；而那些心中没有远大志向的人，他们就喜欢在人前说虚伪的话，说假话，以此来吸引人们的注意力。因此，领导者可以通过下属的所言，辨别出其心志，能够更有效地使用人才。

3.察其品行

领导者要想更好更快地识别人才，就应该随时保持自己头脑的清醒，拿出自己的主意，不要被那些流言飞语所左右。一般来说，那些人们说好或说坏的人都是不能作为重用的人的。很多潜在的人才，身边的人对他们的称赞是出于内心的，当领导者如果听到大家对一位普通人进行赞扬时，一定要引起注意。领导者在观察下属的品行的时候，需要特别注意，面对那些已经被自己重用的人才，你不妨多听一听身边人对他们的负面意见，而对于那些潜在的人才，则要多关注人们对他的赞美。

4.辨其才华

对于一个领导者来说，要善于去辨别下属的才华，这是作为一个领导者必须具备的识人能力。有很多潜在人才隐藏在下属之中,这就需要领导者去发现他们。因为他们毕竟是人才,那他们身上必然有着人才的优秀素质,他们或有初生牛犊不怕虎的胆略,或有出污泥而不染的可贵品质。总而言之,如果他是一个人才,就会有不同于常人的地方,否则就称不上是人才。而领导者就应该善于去发现这些人的不同之处,发现潜在的才能,这样才能使其发挥出卓越的才能来。

小人嘴脸：年轻人要学会识别忠奸善恶

现实生活中，我们为了生存，为了工作，每天不得不与各种各样的人打交道。他们有的可能是君子，有的却可能是小人，如果是遇到真君子，那还可以多结识一个朋友。而我们最担心的情况就是错把真小人当作了君子，还与之深交下去，这对于我们的工作、生活而言，都会带来一些麻烦。那么，我们就要善于通过一些细微的举动，看清真与伪，识破真小人。一般而言，那些眼神闪烁不定的人往往是在隐瞒一些信心，而很多看起来表面谦卑有礼的人未必是君子。另外，我们还要随时提防小人从我们背后暗箭伤人，要时刻谨防小人的糖衣炮弹。我们只有辨别出小人的各种表情和异于常人的行为举止，才能成功地识破小人的真面目，避免受到他们的陷害。

说话时眼神闪烁的人可能心有隐瞒

在生活中,我们经常会发现身边时常有这样一些人,他们总是四处张望,眼神就像流水般游移不定。当我们在与他交谈的时候,他的眼神闪烁不定,不直接与我们的眼神接触,而是四处张望。可能我们不能从他的言辞和面部表情中发现什么,但是他那闪烁不定的眼神直接给我们带来一种奇怪的感觉。实际上,这样眼神闪烁不定的人,往往是在隐藏一些信息。这种眼神的背后,一般都在进行着算计,是心中打起了小算盘。而拥有这样眼神的人,他们往往是工于心计、城府较深的人。

有的人在说话时,眼神总是闪烁不定,其实这就表现出其精神的不稳定性。据一些法律资料显示,犯罪者在坦承罪状之前一般都会有这样的状态。他们眼神四处游移,目光闪烁不定,总是回避询问者的视线,这大概是由于心中藏有某事或有所愧疚所导致的。一般来说,人们游移的眼神所传达的信息大致有两种:一种是聪明但不行正道,一种是心藏奸恶、又怕别人窥探。前一种眼神大多是品德欠高尚、行为欠端正的表现;后一种眼神则大多是内藏奸诈、深藏不露的表现。

当我们跟某个人说话时,看到他目光游移,眼神闪烁不定,就需提防一下了。对方眼神闪烁不定的时候是因为某人内心正担忧某件事,而无法真正坦白地说出来,他才会有这样的眼神。很可能他心里隐瞒了什么事情,也可能他正打什么坏主意,也可以理解为对方心里有自卑感,或正想欺骗你。跟这样的人打交道,我们需要特别小心,以免上当。

那些眼神总是闪烁不定的人往往是隐藏了一些信息,那么,到底在他们的眼神背后隐藏了什么样的秘密呢?

1.担心自己内心的想法被人看穿

有的人在说话的时候,总是目光游移,眼神闪烁,其中的原因可能是内心有些想法不想被人看穿。有可能他们正处在困难的境地或者是心里有什么隐秘的事情不想让你知道,所以他们害怕和你眼神交集的时候,你会发现他心中的那些秘密。

2.可能正在打什么坏主意,或正想欺骗你

有的习惯用眼神飘忽不定来掩饰自己内心的奸恶,他们在与你交谈的时候,可能正在打什么坏主意,也可能正想欺骗你。这一类型的人大多工于心计,他眼神闪烁不定,就是在心里悄悄算计,打着小算盘。如果你在这时候,细心地去注意他的措辞,你就会发现他的话也显得前后矛盾,闪烁其词,东拉西扯。与这样的人打交道,就要格外细心,小心上当受骗。

3.内心自卑的表现

有的人在交谈的时候,眼神不敢与对方直接接触,他们一会儿看看自己的鞋子,一会儿看看天花板,一会儿看看窗外,眼神闪烁不定。他们有这样的表现,可能是由于内心自卑的原因,他们害怕自己与他人的目光直接接触,害怕被他人看不起。于是,他们以目光四处游离来掩盖自己内心的自卑情绪,这样的人大多十分内向,不喜欢自我表现,但是他们的心里倒是没有什么坏主意,完全是自卑心理的表现。

4.代表着其他含义

当然,如果他是与你关系比较亲密的异性,那么他游移的眼神可能还代表着其他含义,或许是他在犹豫,也或许是他心中慌张。这个时候,你不妨制造一点小幽默,或者自我解嘲一番,以缓解两人之间的谈话气氛,让双方心理上都放松,这样更有利于感情的交流。

总而言之,那些眼神闪烁不定的人大多都是心里隐藏有一些秘密的人。我们在日常生活中,要学会仔细观察,透过对方的表面现象而辨清伪与诈,因为有可能他就是一个小人。

小人往往会用这些表情掩饰内心

在日常生活中,小人无处不在,时常有意无意地在我们身边出现,给我

们带来一些麻烦。但是我们却不能轻易地发现他,很多时候我们只能在心里暗暗诅咒他们。其实,那些越是奸诈的人就越善于伪装自己,他们用善良伪装邪恶,用贤德伪装奸诈。他们在表面上对你相当和善,但是背着你却猛说你坏话,甚至用计策坏你的好事,我们对这样的人简直是烦不胜烦,但是也毫无办法。实际上,虽说小人掩饰的功夫相当到位,但是依然会免不了与常人不一样。他们在很多时候,会透过一些表情泄露出心中的秘密。只要我们仔细观察,就会发现我们身边的小人,这样就能够及时地采取远离或逃避等措施,以防上当受骗。

李先生是一家小公司的业务经理,他平时的工作就是管理业务部下面的十几个人以及一些业务上的往来。最近公司新来了一个员工小王,小王是个看起来挺老实的年轻人,对人也是彬彬有礼,客气有加,更难能可贵的一点,就是他平时工作很认真,几乎没有出现过任何差错。所以,他刚来公司一个月,就深得李经理的喜欢,李经理还准备把他提升起来做业务助理。正在这时候,却出现了一件意想不到的事情。

有一次,因为李经理的疏忽,一下子造成了两个大业务的直接流失,总经理为此大为恼火。李经理一方面作了深刻的反思,另一方面也对失去的客户进行了最大限度地挽留。那些天,整个业务部都弥漫着一种落寞的气息,李经理整天为工作的事情忙得焦头烂额。但就是在这个极为关键的时刻,李经理却偶然在朋友的嘴里听到了小王背着自己在总经理面前说了不少的话。其中包括了对李经理平时工作的恶劣评价,还唆使总经理把李经理辞退掉。

当李经理得知这些消息的时候,他不禁有些惊讶,不断地说:“没有想到小王是那种人。”他再慢慢通过回忆与小王日常交往的过程,才发现其实小王平时就有一些不太正常的表现。比如,小王从来都是对自己彬彬有礼,哪怕是自己语气相当的愤怒,小王也总是满脸笑容地看着自己。想到这里,李经理不禁有些头皮发麻。

其实,小人特别善于用一些表情来掩饰自己,比如说话时目光闪烁不定,回避你的眼神;或是脸上长时间保持微笑,而你们的谈话并没有特别引人发笑的内容;说话时没有多余的小动作,眼角却习惯性地向左扬起,斜眼看人;目光冷酷犀利;笑里藏刀;等等。下面我们就小人几种常见的表情来做一一分析。

1.未语先笑

有的人习惯于还没有开口说话就先笑起来,并且笑容显得很奇怪。一般来说,有这样笑容的人大多心里隐藏着某些不能告人的秘密。他们在交谈的过程中,脸上总是长时间保持着微笑,而实际上你们的谈话内容并不是特别引人发笑的。而他这样的表情,明显是有撒谎的嫌疑,他有可能并没有认真听你讲话,只是做出微笑的样子来敷衍你。在他们心里,也许正在算计着什么,或许正在对你打什么坏主意。如果你身边有这样的人,一定要多多提防,以免上当。

2.喜欢斜眼看人

有的人喜欢在说话的时候,眼角习惯性地向左扬起,斜眼看人。他们在讲话的时候,不喜欢和你的视线进行直接接触,而是斜眼看着你。有时候,当你试图把视线转向他的时候,他就会快速地转移视线看看天花板或者看看窗外。但是一旦你把视线移开了,或者专注于自己所讲的话时,他就会偷偷地斜眼观察你的一举一动。他似乎是希望通过对你细致的观察,来了解你的内心活动,能够通过主动迎合你的想法来博取你的好感,进而达到他不可告人的目的。

3.目光冷酷犀利

这一表情特点的人,在历史上有一个代表人物,那就是三国时期的司马懿。常言道:"谁笑到最后,谁笑得最好。"在《三国演义》中,笑到最后,笑得最好的既不是曹、孙、刘三家君王,也不是智者诸葛亮,而是司马懿。而司马懿最常见的表情,就是三步一回头,那冷酷犀利的目光直刺得你心惊胆战。在我们日常生活中,也不乏这样的人。他们总是在你面前隐藏他那犀利的目光,而在你看不见的角落,他就会用那极端冷酷犀利的目光注视着你。即便是不知道目光来自何处,你也能感觉到那种让人心寒的感觉。

4.笑里藏刀

在我们身边,有很多笑里藏刀的人。他们总是试图与我们保持一种亲密的关系,或是投其所好地说一些让人高兴的话,或是假装与我们之间在某

种爱好上有着极为相似的地方,或是平时喜欢给我们一点小甜头。他们看起来就好像是一个很值得信赖的朋友,可是当遇到重大事情的时候,他们就会隔岸观火,幸灾乐祸,甚至企图恶意中伤你。

一般来说,这类人的笑容很假,他们往往用那些伪装过的笑容来博取你的好感,因此他们的面部表情会显得极不自然。你在平时的生活中,要善于去分辨哪些是真诚的,哪些是虚假的,再通过一些行为举动来辨别出他们内心的想法。

其实,无论是在我们生活中,还是工作中,都存在着形形色色的小人,这就需要我们善于通过对方伪装的表情来看透其真实意图。以上是小人善于用来掩饰自己的几种常见的表情,当然,小人们用来掩饰自己的表情还有很多,这就需要我们在现实生活中练就一双火眼金睛,通过敏锐的观察力和洞察力去揭开他们的真面目。

年轻人要警惕小人背后的小动作

我们在日常生活中,经常所面对的不是"坦荡荡"、"以助人为乐"的君子,而是"常戚戚"、"以害人为乐"的小人。小人都善于用很多表情来掩饰自己,也善于把自己隐藏在暗处,他们常常怀着不可告人的目的来接近你,亲近你,正当你对他产生好感,付出真诚的时候,他就会暗中使计策害你于无准备之中。俗话说:"明枪易躲,暗箭难防。"如果是面对别人直接、正面的恶意挑衅,我们可能还有些准备,受伤害的机会也会变得很小;但是如果面对的是那些善于伪装的小人,那就毫无准备,甚至还有可能出现"把你卖了你还帮着数钱"这样的情况。如果你想避免受小人之苦,这就需要我们在现实生活中,提高自己的警惕心理,小心提防才是。

这里,我们先讲一个关于暗箭伤人的典故。

春秋时,郑国的郑庄公得到鲁国和齐国的支持,计划讨伐许国。有一年夏天,郑庄公在宫前检阅部队,发派兵车。一位老将军颍考叔和一位青年将军公孙子都为了争夺兵车吵了起来。颍考叔是一员勇将，他不服老，拉起兵车转身就跑；公孙子都一向瞧不起谁，当然不愿相让，拔起长戟飞奔追去。等他追上大路，颍考叔早已不见人影了。这件事一直被公孙子都怀恨在心，他试图寻找机会进行报复。

到了秋天，郑庄公正式下令攻打许国。郑军逼近许国都城，攻城的时候，颍考叔奋勇当先，爬上了城头。公孙子都眼看颍考叔就要立下大功，心里更加忌妒起来，便抽出箭来对准颍考叔就是一箭，只见这位勇敢的老将军一个跟斗摔了下来。另一位将军瑕叔盈还以为颍考叔是被许国兵杀死的，连忙拾起大旗，指挥士兵继续战斗，带领士兵奋力拼杀攻下许国，终于把城攻破。

像公孙子都那样趁人不备暗放冷箭的，就叫做“暗箭伤人”。而在我们现实生活中，也存在着不少这样“暗箭伤人”的小人，他们并不是以真的暗箭为凶器，而是采取一些不光明的手段暗地里伺机伤害他人。

我们为了生存，为了工作，每天不得不与各种各样的人打交道，这样就在社会中免不了遇到形形色色的小人，甚至受到小人的欺负或者陷害。俗话说：“知人知面不知心。”你在与他人交往之前，谁也不知道他到底是君子还是小人，因为小人的脸上并没有写着“小人”这两个字。很多时候，我们都被那些善于伪装的小人的外表所迷惑，错把小人当作君子，甚至当作知心朋友，结果在我们无法预料时被“暗箭”所伤。所以，我们在平时的生活与工作中，就必须时时提防小人，这样才不至于处处被动，甚至“挨刀挨宰”。

在生活中或工作中，我们通过多次与各种各样的人打交道，不难发现那些小人通常都有这样一些表现，比如喜欢在背后说人家闲话、喜欢随意挑拨离间别人之间的感情、喜欢刁难人、喜欢两面三刀，他们还表现为不守信用，经常当面答应你的事情，事后就会寻找各种借口进行逃避，矢口否认。在我们工作中，也许每个人都遇到过一些小人的暗算或者带来的麻烦，他们总是喜欢给我们制造一些让我们难堪的局面以此来达到他自己的目的。他们或者是在工作中处处刁难你，或者是在你背后大量传播你的私人信息，或者是在你即将晋升时给你带来一些恶劣的影响，拖你的后腿。这样的小人简直

就是我们生活中的“一氧化碳”，他们无时无刻不存在于我们的周围，破坏我们愉悦的心情，致使我们的工作根本无法顺利开展下去，导致我们的职场生涯不断出现波折。如果你想在生活中或工作中顺风顺水，那就一定要细心观察你身边的每一个人，要特别防范这些无孔不入的小人。

那么，如何来提防小人发出的“暗箭”呢？其实在很多时候，这就需要我们自身做出更多的改变。我们要严格克制自己，千万不能被小人一时的甜言蜜语所迷惑；还需要我们自己洁身自好，能够“出淤泥而不染”，千万不能让小人抓住我们的把柄。当然，为了工作我们不得不与那些小人相处，这时候就需要我们能够学会如何与小人相处，还要学会驾驭小人。下面我们就一一介绍一下，如何来提防小人暗箭伤人。

1.千万不要被其甜言蜜语所迷惑

其实每个人都喜欢听好话，这几乎是人的天性，不论是高官还是平民老百姓都免不了有这样的一个人性弱点。而那些善于伪装的小人更是深谙此意，他们了解每个人的天性，于是进行投其所好地恭维他人，这是小人最大的特点，也是他们最擅长的伎俩。虽然，在很多时候我们经过了生活的不断历练，会对那些莫名的恭维有几分警惕，但是小人更懂得如何来取悦我们。他们的成功之处就在于能够制造出让你愉快接受的甜言蜜语，而且恰到好处地说到你的心窝里。当你面对那些溢美之词，你只能感叹：“知我者莫过于他矣。”

其实，当你面对那些能够让你开心的话语，你就要学会清楚地辨别谁是出于真心的，谁是出于虚假的。一般情况下，朋友是“忠言逆耳利于行”，他们会直接提出你的缺点和不足之处；而那些小人，则会迎合你的心理，专门说一些甜言蜜语讨你欢心。俗话说：“无事献殷勤，非奸即盗。”当你发现身边有人莫名其妙地对你说些好话，你就要开始警惕了，要克制自己因为兴奋而作出错误的判断，更要保持清醒的头脑，千万不要因为几句甜言蜜语就晕头转向，被小人所蒙骗。

2.洁身自好

小人还有一个特别厉害的伎俩，那就是企图从你身上找出一丝“污点”，他们总是想方设法地从你的言行举止中寻找可以打击你的“污点”，然后对其进行无限地放大，夸大其词，再通过打小报告或者告黑状的方式来对你进行毁灭性的打击，最终让你有口难辩。俗话说："身正不怕影子斜。"其实，对付这样的小人的根本办法，就是洁身自好，使自己能够"出淤泥而不染"，不让小人抓住你的小辫子，更不能让小人抓到你的把柄。如果我们面对无论多么具有诱惑力的工作，都能坚持原则，胸襟坦荡，正直无私，做事光明磊落，我们就会在上司和同事面前建立起牢不可破的信任度，即便是小人用尽了各种手段，在铁证的事实面前都无法撼动别人对你的信任度，而他只能够暗暗着急，怒火攻心。

3.学会与小人相处

我们常常为了工作的需要，不得不与小人打交道。有时候，我们已经辨别出了他就是一个小人，但是却一点办法也没有，依然为了工作而来往，我们根本没有不与小人打交道的权力。因此，我们要学会与小人相处，并且能够和谐地相处，千万不要激怒小人，这有可能会让他狗急跳墙。我们在与小人相处的时候，一定要讲究方法和技巧：如果你面对的是喜欢打听别人的隐私的人，那你就要回避对方的正面问题而采用"答非所问"的技巧；如果你遇到的是喋喋不休的人，那你就需要在谈话过程中巧妙地中断对方的话题；如果你遇到的是满口谎言的人，那你就要敬而远之，尽量与其拉开距离，就不会被对方所欺骗。

4.学会驾驭小人

我们连不与小人来往的权力都没有，那我们就不仅仅是要学会与小人相处，更要学会驾驭小人，学会利用小人来做好工作。俗话说："近朱者赤，近墨者黑。"每个人都是随着环境因素的变化而变化的，我们应该相信小人也是一样的。我们可以在生活或工作中，通过自己的言传身教来影响小人的行为，使之向好的方面转化，甚至用自己的一身正气遏制小人的反作用力的发挥。当然，更好地驾驭小人，那就是要有效地控制他们，使他们发挥不了他们的能耐，使不出他们的伎俩。而最佳的办法，就是顺势引导他们把精力转移到工作上来，可能忙碌的工作会逐渐充实他们阴暗的心理。

别与那些爱打听他人隐私之人深交

每个人都有属于自己的秘密，那些我们不想让别人知晓或者难以启齿的想法、故事以及个人经历，都被称为隐私。其实，在每个人的内心深处，都有着一块不希望被人侵犯的领地。但是，似乎每一个人都有窥探别人隐私的爱好，人的好奇心就表现在此，那些我们越想掩盖的秘密，人们就越想揭开其神秘的面纱，一见真面目。其实，在我们身边，就存在着这样经常打听别人隐私的人。他们或者是出于无知，或者是出于猎奇，或者是出于某些不可告人的目的。每次与你交谈，都会巧妙地把话题引导到关于你自己或者朋友身上去，而且尽可能地从你嘴里挖掘出新奇的秘密，以满足其好奇心。

一般情况下，那些喜欢打听别人隐私的人，要么会直接问你一些有关于你的话题，比如他们经常会问你“年龄多大？”“收入多少？”“和你老婆感情怎么样？”等让你不愿开口甚至厌恶回答的问题。要么就是想通过你了解一些别人的隐私，比如，他会试探地问“听说，最近小王跟他老婆在闹离婚，你清楚吗？”“新来的老板好像对你很不错，你跟他接触比较多，你觉得他人怎么样？”“听说新来的李小姐，是因为靠关系进来的，你知道具体情况吗？”如果你也是有着一定好奇心的人，那么就会不小心中了他的圈套，当你把你所了解的情况跟他仔细说明时，他可能就会到处宣扬甚至点名道姓地告诉别人，这些都是你说的，最终的结果就是使你陷入极端尴尬的境地。

小牟是一位即将毕业的大学生，最近她被学校派遣到一个厂里参加实习工作。实习快开始的时候，学校领导告诉她：如果在实习工作期间表现优秀的话，就可以直接签订就业合同。

由于她平时在学校就喜欢探听别人的隐私，在实习期间，经常和车间里几个漂亮的女员工聊天，还有意无意地将自己的薪酬、某某同事的隐私都说得人尽皆知，以至于得罪了不少人。3 个月后，公司通知她可以不必来上班了。她意识到是因为自己喜欢打听别人的隐私，喜欢谈论别人隐私惹来的祸根，不禁失声大哭。

其实，我们在工作单位要尽量避免做跟工作无关的事，更不要随便谈论他人隐私，这样只会让自己陷入无休止的麻烦之中。如果你遇到那种喜欢打听别人隐私的人，千万要提高自己的警惕，不要与这类人深交，即便是因为工作关系不得不与他有一些往来，也要与他保持适当的距离。而最好的办法，那就是敬而远之。主要的原因如下：

1.不尊重他人

其实，那些经常喜欢打听别人隐私的人，他们虽然伶牙俐齿，巧舌如簧，但是却常常不懂得谈话的忌讳。一般来说，我们在与别人进行人际交往的时候，如果面对的是一个懂得尊重他人的人，并且知道什么事情是别人的隐私，便会识趣地不去加以追问。相反，那些明明知道是别人的隐私，还偏偏去询问的人，就是不懂得尊重他人的人。人与人之间的交往，是建立在相互尊重的基础之上的。如果他是一个极不尊重别人的人，你就没有必要与其继续交往下去，而是应该尽可能地避开他的纠缠。

2.传播是非

那些喜欢经常打听别人隐私的人，大部分都是喜欢讨论别人是非的人，他们甚至还会把那些别人极为隐私的秘密公布于众，弄得人尽皆知。如果你与这样的人深交，免不了会把自己的一些秘密告诉给他，或者是一起谈论别人的隐私。而一旦你们的关系出现了一点点裂痕，他就会把你那些不为人知的秘密告诉别人，或者是把你怎么评论别人的话语进行添油加醋地传播出去，还会把你的名字清楚地说出来。那么，到时候就会把你推向极端尴尬的窘境，甚至有可能丢了工作，失去朋友。所以，为了不让自己卷入那些是非麻烦之中，最好的办法就是小心地避开那些喜欢打听别人隐私的人。

3.报复的心态

有时候，我们交友不慎，不小心与那些喜欢打听别人隐私的人交上了朋友。他们经常与我们形影不离，自然会对我们的秘密多多少少知道一些。而且可能我们在某些方面比他优秀，或者是职位比他高，或者是抢在他前面

把心仪的女孩追到了手。这时候,他就会因为忌妒而产生报复的心理。不惜到处宣扬你的一些隐私、秘密来使你身败名裂,然后在你最困难的时候,他躲在哪个角落幸灾乐祸。所以,你在结交朋友之前,一定要认清楚对方是哪种类型的人,如果对方恰好是那种喜欢打听别人隐私的人,那你千万不要与他深交下去,尽量与他保持一定的距离。

在我们身边,经常潜伏着形形色色的小人,而那些经常喜欢打听别人隐私的人就是其中之一。为了避免无端地陷入是非祸乱之中,我们就应该在与其交往之前,清楚地了解对方为人处事方面的特点,应该及时地避免与那些喜欢打听别人隐私的人深交。即便是遇到对方对你进行刨根问底地询问,你也要学会技巧性的问答,那就是答非所问。遇到那些探求别人隐私的人,千万不能傻乎乎地有一说一,有二说二,要灵活运用答非所问的技巧,这样既不会泄露自己的隐私,也不会破坏彼此之间的关系。

年轻人对“糖衣炮弹”要有防备之心

很多小人喜欢使用“糖衣炮弹”的伎俩,他们在平时对你恭维有加,有什么好处会分你一杯羹,还会经常给你一点小恩小惠,让你尝到甜头。从表面上看,我们似乎是遇到了一位慷慨大方、乐于助人的朋友。但是,如果你仔细观察对方,你就会发现这不过是他亲近你的一种手段,一种伎俩。假如你真的遇到什么极其困难的事情,他一定会躲得远远的,唯恐会殃及于他。而且,他还很有可能当着你的面,与你关系要好,背着你的面,却开始说你的坏话,在上司面前说你的缺点,在同事面前讨论你的是非。而当你意识到对方的真实面目时,为时已晚。所以,我们在与人交往时要谨防小人们的“糖衣炮弹”,因为很可能甜头过去之后就是无限的灾难和痛苦。

小万和小唐都是即将毕业的大学生,她们一起进公司,一起参加公司的培训,所以当她们正式成为员工的时候,已经是一对形影不离的好朋友了。

进公司第一个月,两人都在同一起跑线上,所以无论是上班下班,两人都一起。遇到工作上的困难问题,也会一起商量来解决。可是,当第二个月的时候,小万的工作业绩就直线上升了,这主要是与她平时的勤奋努力分不开的。而小唐虽然天资聪慧,但是她经常在下班之余外出与男朋友约会,所以即使在上班的时候竭尽全力,也只显得业绩平平。小唐看着越来越受主管重视的小万,心里就不是滋味,但表面上还是对小万十分殷勤,经常为她带夜宵回来,还送给她一些小礼物。

有一次,公司来了一个大客户,老板就把写企划案的活儿交给了小万和小唐,并且表示谁的企划案受到了欢迎谁就马上晋升为助理。这无疑是把一对好朋友拉到了竞争对手的位置,小万全身心地投入到撰写企划案的工作中,而小唐却因为心里愤愤不平,一直没有心思工作。但是,她却对废寝忘食工作的小万照顾得很好,几乎包揽了家里所有的家务活,还给小万每天准备好吃的。小万相当感动,有时候也与小唐一起讨论企划案的相关事宜。

终于到交企划案的日子了,出乎意料的是小唐居然先交上了自己的企划案。等到小万把自己的企划案交给主管,主管叫住了小万:“小万,我看了你的企划案,写得不错,但是我不明白的一点是你的企划案构思与小唐的一模一样。本来我是挺看好你的实力的,可不知道你为什么会出现这样违背原则的错误?”小万立即惊呆了,却又不知道怎么解释,想到与自己每天相处的小唐,她的心开始凉了。

小唐正是通过自己平时给小万很多好处,经常给一些小恩小惠,迷惑了小万,而自己则窃取了小万辛辛苦苦构思的企划案。其实,在我们工作中,也不乏这样的人存在,他们总是表面上给你尝一些小甜头,但背地里却做出一些对你不利的事情。

通常来说,那些小人都把自己隐藏得很深,他们表面上看起来像好人,但是实际心中却是另有所图。那么,如何来提防那些小人的“糖衣炮弹”呢?

1.克制自己的贪欲

其实,这个世界上最无法满足的就是人们的欲望。特别是那些不用自己付出什么就能得到好处的事情,这绝对是每一个人都无法抗拒的。而小人正是了解人们的这一心理,所以他们会在不涉及太多金钱财物的情况下,

给你一些小甜头，而这时候绝大多数的人都不可能拒绝。当你那种喜欢贪人家小便宜的欲望得到了满足，其实也就是中了小人计策的开始。所以，为了谨防小人的“甜头”之后带来的灾难，你就必须要克制自己的贪欲。你一定要明白，这个世界并不存在所谓“天上掉馅饼”的事情，也不要企望有人会给你什么好处。只要自己心中无贪念，就不会上小人的当，这样小人对你也就无可奈何。

2.学会拒绝一些好处

除了克制住自己的贪念，还要学会拒绝。有的小人善于使用“糖衣炮弹”的计策，即便是你已经明确地进行婉拒了，但是对方依然会“锲而不舍”地对你更加的“友好”。这就犹如男人在对自己心仪的女人不断地纠缠一样。所以，你在面对小人连绵不断的“糖衣炮弹”的袭击，就更应该做出直接的拒绝。当然，拒绝也是需要讲究技巧的，既不能伤了双方的和气，又能让人觉得你的理由是恰当的。比如，对方常常在下班之后对你提出一起吃饭的邀请，那么你就可以委婉地说：“实在抱歉，我已经和别人有约了”或者“今天感觉有点累，要不改天我做东，请你吃饭。”这样就会让人感觉你是真的有事，或者真的累了，他自然也不会强求下去。

3.谨防随之而来的麻烦

有的人显得没有心眼，对于别人的好意不好意思拒绝，就愉快地接受了。那么，即便你接受了对方的恩惠，你也要时刻警惕随之而来的麻烦。如果恰逢是你即将晋升的机会，或者是你有了一个很好的工作构思而对方没有，面对这种关键时刻的时候，你千万要避免与他进行过于频繁的交往，也不要把自己的情况过多地暴露给对方，与他保持一定的距离。至于那些他给你的好处，你可以选择置之不理，如果你实在是良心过意不去，那也可以以同样的方式反赠于他。

其实，我们在面对那些善于使用“糖衣炮弹”的伎俩的人，最关键的一点就是要克制自己的贪欲。只要你不去占人家的小便宜，对于他人给的小恩小惠也给予拒绝，那么他的“糖衣炮弹”对你就一点杀伤力也没有。

表面谦卑有礼者，也有可能是“伪君子”

我们在平时的人际交往中，习惯把那些彬彬有礼的人归于“君子”一类。因为在我们每个人的认知上面，都会觉得那些修养好、涵养高的人才会显得谦卑有礼，这似乎成了千古不变的道理。古人就说：“君子坦荡荡，小人常戚戚。”我们通常认为君子是谦卑有礼的；那么反过来，那些谦卑有礼的人就是君子。其实，这样的认识有偏差，君子自然是彬彬有礼的，但是彬彬有礼的人却未必是君子。所以，当我们看到那些表面谦卑有礼的人，一定要辨别清楚他们谦卑后面的本意，有时候，不要错把真小人当成了君子。

其实，那些小人都是善于隐藏的，他们以表面的谦卑有礼来掩盖其内心不可告人的企图。有可能那张看似君子的脸的背后，就是一张奸伪狡诈的脸。他们内心通常埋藏着不为人知的秘密，他们只是企图用自己伪善的一面来掩盖邪恶的一面，以博取他人的好感。一般而言，我们在实际交往中，就会潜意识地对那些举止粗鲁、语言恶俗的人敬而远之，而喜欢与那些彬彬有礼、谦卑的人交往。其实，在这个时候，我们千万不要被那些表面看起来谦卑有礼的小人给蒙骗了。我们要善于通过对方的一举一动，来洞察对方的心理，进而辨清真与伪，识别出真小人。

1.表面谦卑有礼，暗藏奸恶狡诈

有的人看起来一副老实相，说话客客气气，平时对人也彬彬有礼，从来不擅自逾越什么，而是表现得极为谦卑有礼。你与他相处，几乎从来不会发现他任何粗鲁的行为，给人的感觉很完美。其实，这类人不过是掩饰得很好，他们在表面谦卑有礼的时候，通常心里在打着小算盘，如何算计你。他们之所以对你彬彬有礼，那是因为只有这样的行为举止才能够博取你的信任，使你消除戒备心理和谨慎心理。而他们通常在你最关键的时刻，会露出奸恶狡诈的一面，或是在你晋升时故意阻碍你的脚步，或是在你落难时对你

"将"上一军。

2.隐藏自己的真实意图

有的人通过良好的形象以及彬彬有礼的态度赢得你的好感,其实他们更多的是为了隐藏自己真实的意图。或许他一方面希望通过"君子礼仪"来获取你的信任;另一方面却是为了与你造成一种距离感,这样的心理距离足以使他能够更好地掩饰自己的真实意图。所以,我们在与他们打交道的时候,要善于分清哪些是真君子,哪些是真小人。只有这样才能够使我们在人际交往中,有效地避免来自小人的陷害。

3.表面谦卑其实是真小人

有时候,那些看起来表面谦卑有礼的人,其实他们并不是修养高、涵养高的君子。他们可能在你面前会表现得很有礼貌,看起来人模人样,其实背着你却干着陷害人的勾当。对于小人来说,人们随着自己的历练越来越深,就会更加清楚地辨清谁是小人谁是君子。而同时,小人也在与时俱进,他们同样改变着与人相处的策略。那就是:明明是真小人,却硬是要装出一副君子样。你在与他们进行交往的时候,要善于发现他们那些不同寻常的言行举止,比如,不论你对他大力批评还是大力赞赏,他都会表现得小心翼翼,唯恐在你面前露出那种极端兴奋或极端愤怒的表情。其实,这样一类的小人都是善于隐藏自己的。

当然,在我们身边也不乏一些真君子,而那些真君子无疑是很值得我们交的朋友。这就需要我们有一双聪慧的眼睛,能够识破小人的伪面具,看清其真面目。其实,如果我们仅仅利用"谦卑礼仪"之说来辨别对方是否是君子,这都是没有根本的把握性的。还需要我们细心观察对方的言行举止,才能够有效地辨别谁是君子,谁是小人。当然,这样的辨别能力并不是一天两天就能练出来的,这需要我们在日常生活中就要学会观察别人,洞悉对方的心理,这样才能够拥有卓越的识人能力。

识破真伪：从细微处辨别诚心或欺骗

在现实生活中，人与人之间会通过语言或者行为来进行有效地沟通与交流。而那些从人们身上显现出来的言行举止，都会显露出一些细节来。我们只需要在实际交往中，牢牢抓住对方交往中显露出来的细节问题，就会清楚地辨别出是真心还是谎言。一般来说，那些说着自相矛盾、含混不清的话的人就是明显在撒谎，因为你可以通过其心虚的心理察觉到谎言的漏洞所在。而善于说谎的人还习惯用各种各样的方式来掩饰自己，比如对方的眼神可能会透露出谎言的秘密。除此之外，从人们嘴里经常蹦出的客套话，也可以从中分辨其真心，而那些喜欢轻易许诺的人不能对其抱着绝对信任的态度。

自相矛盾、含糊不清的言语

在我们身边，经常发现这样一类人，他们在与我们进行语言交谈的时候，总是说一些自相矛盾、含混不清的话，常常让我们听了摸不着头脑，还会让我们心里产生某种疑惑。其实，这恰恰是说谎者的表现，他们总是试图掩盖事情的真相，因此不得不把自己编的借口或是把没有经过思考的话脱口而出，而又由于面对你正视他的眼神，他心中充满了一种紧张、慌乱的情绪，甚至害怕在你面前露馅，所以，他脱口而出的话语就会显得前后矛盾、含混不清。

小李在一家公司工作三年了，这些天刚刚被提升为业务部的经理。因此，这每天的应酬活动是一拨接一拨，不是和这个客户吃饭，就是被同事邀请出去吃饭。他每每参加这样的活动，都会胆战心惊，因为家里那脾气很大的老婆是不好糊弄的。他不得不每次喝少量的酒，然后再编一些各种各样的借口，比如说明明是和同事吃的饭，他改口说和领导一起吃的，还谎称自己实在是推辞不了。

这天，他又很晚才回家。他一开门，就见老婆倚着门框瞪着他："你也不看看几点了？说吧，又到哪里吃饭去了？"小李立即满脸笑容："今天没有去吃饭，送一个客户去机场，回来的路上车坏了，所以耽误了不少时间。""车坏了？公司的车还是你的车啊？"老婆显得有点不相信。

小李脱口而出："我的车。"话说出口来，才发现说错了，立即改口："当然是公司的车了。"老婆不禁有点生气了："到底是谁的车？你敢骗我？说，到底干吗去了？"小李觉得今天这事瞒不过去了，只好把和朋友一起吃饭的事情全部说出来。

小李的老婆为什么能够发现小李在撒谎，主要原因就在于小李的话显得前后矛盾。也许，他在开口时准备说早已经编好的借口，但是却不料在实施的时候出了点差错。其实，那些说谎者都有一种害怕被拆穿的心虚，所以，只要你能够认真听对方的谈话，就会发现谁是说谎者，谁比较诚实。

一般来说，那些说着自相矛盾、含混不清的话的人，他们都是因为没有集中自己的注意力，所以才会说出一些前后不搭调的话语。我们通过那些含混不清的话，就可以判断对方的思路正处于比较混乱的状态，进而推断出对方是在说谎。这主要是由于，对于一个诚实者来说，他能够清晰地记住自己所做的一系列事情，也能够保持自己清晰的思路，面对你的提问能够给予准确清楚的回答。当然，也存在着这样的情况，假如对方是一位说谎的老手，他能够面对你的提问而保持从容的态度，甚至他的每一个回答都精准无误，让人无懈可击。其实，再擅长说谎的人，都会在自己的言行举止中露出马脚，而你只需要仔细观察，就可以准确地判断对方是否是在说谎了。那么，人们所说的那些自相矛盾、含混不清的话，为什么又可以称为谎言呢？

1.表里不一

人们之所以说出的话是前后矛盾、含混不清的，只能说明一个问题，那就是他说的是一种想法，而心中想的是另一种想法。而他们在实际说话中，由于内心那种紧张、慌乱的情绪，使得他们的思路开始混乱，不够清晰，于是两种想法就会在思路模糊之际发生错乱。因此，他们在说话时就会出现前后矛盾、含混不清的状况。

2.极力掩饰

说谎者都想通过表面的平静来掩饰自己内心的恐慌，可是在更多的时候，你极力想去掩饰的东西，却往往更容易暴露出来。所以，当他们自认为通过自己编的借口能够成功地把你欺骗时，却在恐慌达到一定程度时脱口而出自己的真实想法，这就使得他的话显得前后矛盾。而他自己也发现了这一点，他绝对不说："我说错了。"而是想办法挽回这种局面，于是，他的进一步解释就愈使得话语显得含混不清，以至于到最后他自己也开始迷糊了，也不清楚自己到底想要表达的是什么。

3.心里打着小算盘

有的说谎者一边跟你说着话，一边在心里打着小算盘，也有可能他心里正在算计着你。因此，他的注意力在于内心的想法而不在于说话本身上，这

样就会造成思维对于语言的控制不够强，给人的感觉就是语言表达能力比较差，思路混乱，同时还会反复纠正自己的话语，这其实就是欲盖弥彰。

通过以上的分析，我们可以判断出那些经常说话自相矛盾、含混不清的人，其实就是潜伏在我们身边的说谎者。所以，你在与这类人交往的时候，一定要多加小心，最好的办法就是能够了解对方说谎的真实意图，而自己才能够应付自如。

常用的掩饰谎言的几种托辞

一般来说，说谎者都很善于掩饰自己，每一个说谎者都希望自己能够成功地欺骗他人，而自己能够享受那种喜悦的心情。其实，只要你细心地观察，就会通过对方的言行举止发现其掩饰的秘密。因为，即便是最高明的说谎者，他也会出现"百密而一疏"的情况。通常情况下，说谎者不外乎就是把自己的谎言掩藏在言行举止中，只要掌握一些如何辨别谎言的技巧，我们就会清楚地判断出对方是否在说谎。

那么，说谎者经常用到的掩饰方式有哪些呢？下面我们就简单地介绍几种说谎者常用的方式。

1.真假笑容

说谎者常常是戴着虚伪的面具，因此他们的笑容也是虚假的，他们会利用自己伪善的笑容来掩饰自己的谎言。美国匹兹堡大学的心理学教授杰夫里·考恩认为"我们可以说出每块肌肉动了多少次，它们停留多长时间才变化的，由此可以判断出对方的表现是真实的还是伪装的。"无论你面对的人是在撒谎还是心虚，你都可以通过对方的笑容来判断对方心里的真实想法。因为说话者虚伪的微笑在几秒钟就能让人戳穿他们的谎言。

心理学家认为，真正的微笑是均匀的，它们在面部的两边是对称的，它来得快，但消失得慢，因为它还牵扯了从鼻子到嘴角的皱纹，以及你眼睛周围的笑纹。而那些说谎者伪装的笑容则来得比较慢，而且它们出现在面部时是有些轻微的不均衡的，当一侧不是太真实时，另一侧想做出积极的反应，而眼部肌肉没有被充分调动。这一点我们可以通过观看电影或电视来发现，那些电影中的坏人经常露出的笑容是既冰冷，又恶毒的，所以他们的笑容永远到不了眼部。

2.表情闪现的时间

据说，美国保密局提供的胶片中，比尔·克林顿说到莫尼卡·莱温斯基时，他的前额微微皱了一下，然后迅即恢复了平静。通常情况下，每个人维持一个正常的表情会有几秒钟的时间，它所呈现在脸上的时间既不会太长也不会太短。而那些说谎者伪装的脸上，真实的情感会在脸上停留极短的时间，这就需要十分小心地观察。

另外，说谎者还有可能把自己伪装的面部表情维持或短或长的时间，一般来说，任何一种表情如果持续的时间超过10秒钟或5秒钟，大部分都可能是假的。只有一些强烈情感的展现如愤怒、狂喜例外，而这些表情持续的时间常常更为短暂。有的人会极力掩饰自己过多的惊讶、愤怒、喜悦的表情，他们尽量使自己的表情呈现一种相对稳定的状态，比如一直面无表情；而有的人恰好相反，他们会为了掩饰自己的谎言，而使自己伪装出来的表情长时间显现，比如在整个谈话过程中他们脸上都挂着虚假的笑容。实际上，说谎者最容易泄露秘密的就是其表情的显现，那么你在与对方进行语言交流的时候，要注意观察对方的面部表情的变化，才能够有效地辨别出他是否在说谎。

3.撒谎的人喜欢触摸自己

心理学家奥惠亚等曾做过这样一项实验：指示被实验者用谎言回答面谈者的提问，并分别记录刚刚下达指示后、撒谎前、撒谎时、撒谎以后等各个时间段里的非语言型行为，与不说谎时的行为加以比较。通过比较，他们发现那些说谎者在撒谎时会伴有摆弄手指、下意识地抚摸身体某一部位等细微的动作。其实，说谎者在撒谎的时候越是想掩饰自己的内心，越是会因为多种身体动作的变化而暴露无遗。

其实，当我们通过对说谎者进行仔细观察之后，就会发现他们在说谎时往往会借助一定的身体语言，那就是喜欢触摸自己，就像黑猩猩在压抑时会更多地梳妆打扮自己一样。他们通常会触摸自己或者身上的衣物，或者是掩口，或者是摸鼻子，或者是不断地扯自己的衣领或衣角。

(1)掩口。

通常我们可以看到有的人用手遮住嘴时，这恰恰是说谎者的大脑潜意识使他不想说那些骗人的话而导致了这一动作。相反，当你对着别人说话时，别人充当听众角色的时候，听者捂着嘴，这其实也是一种“撒谎”的表现，因为这表明听者对你说的话不满意或者不感兴趣，但嘴上由于某些原因不便于说出来。

(2)抚摸自己的鼻子。

有的说谎者在撒谎时会捂着自己的嘴，但是又会觉得好像这样做不太合适，最后通常会在自己的鼻子上摸几下来掩饰自己刚才捂嘴这一动作，其目的就是为了掩饰自己在说谎。当然，有的人其实并没有说谎，也会习惯性地摸自己的鼻子。这就需要我们从触摸的时间和力度去体会，不说谎者触摸的时间稍稍长一些，力度也会稍大一点。

(3)不断拉扯自己的衣领或者衣角。

由于人们在说谎时会引起心理上的不平衡，会导致交感神经功能的微妙变化，会由于不知所措而下意识地拉扯一下自己的衣领或者衣角。这时候，如果你细心地观察，就会发现对方的情绪处于十分紧张的状态，随时都有可能爆发出来。

(4)揉自己的耳朵。

说谎者在撒谎时会不由自主地轻揉自己的耳朵，这一动作最常见的就是出现在小孩子身上，当他试图在撒谎时会由于内心的害怕来轻揉自己的耳朵，如果他在说谎时并没有被发现，他也会因为兴奋而不断地抚摸自己的耳朵。

4.面部发红

面部是人们最为直接的身体部位，也是最容易暴露的部分，它是人们传递情感信息的最重要的部分，也是表达自己情感和态度的信息源头。有的说谎者在撒谎时脸部皮肤会发红，脸色也显得不自然。如果他的谎言被识破了，说谎者会更加紧张，有时还会导致脸部充血，使脸部皮肤变红。

当然,那些善于伪装的说谎者除了上面介绍的几种方式外,还有其他一些表现,比如平时沉默寡言,突然变得口若悬河;在谈话过程中露出惊恐的表情却强作镇定;说话时闪烁其词,口误比较多;对你所怀疑的问题,过多的一味辩解,装出很诚实的样子;精神恍惚,不敢与你目光接触。只要你能够细心地观察对方的一举一动,那就很容易判断出对方是否在说谎。

从眼神中读出对方话语的真假

我们通常会认为只有嘴巴才可以说话,才可以表达出感情,其实,眼神也同样可以。甚至有人说,人的眼睛比嘴巴更会说话,这是由于人的眼睛的无声语言和精神的作用具有一定的联系性。眼神同样可以传达出你内心的感情和态度,你可以表示出专注,也可以表示出信任,也可以表现出拒绝,等等。而且,眼睛所表达出来的感情是来自心灵的最深处,是没有任何办法来加以掩饰的。所以,我们可以通过对方所表露出来的眼神来辨别他说的是不是真心话。

其实,如果我们能仔细观察每一个人的眼神,你就会发现那些善于说谎的人,往往会漏洞百出,而他们的眼神常常会出卖他们的想法。很多情况下,眨眼的频率、眼珠的转动、视觉的变换等都能够表达其一定的心里内容。大凡来说,那些说谎者在撒谎时,眼神会透露出谎言的秘密,它们的具体表现为眼神闪烁不定、目光四处游离、不敢与你的眼神进行直接接触而是眼睛会向右上方看。

1.眼神闪烁不定

很多人在说话的时候,使劲地眨眼,眼神闪烁不定,其实这并不是由于他的眼睛进了灰尘或者天生有什么疾病。一般来说,人们在注意力集中思考问题时很少眨眼,这是由于从大脑提取信息的过程需要受到视觉的影响。而如果当一个人眨眼过多,甚至出现眼神闪烁的现象,那么只能证明他的思维并没有活动,只是用事先就编好的借口来搪塞你的问题。当然,也有人在

面对你的提问时会不由自主地开始恐慌，嘴里说着谎言，而他却不知道该把自己的视线放在哪里，于是就出现了眼神闪烁不定的状况。

2.目光四处游离

人的眼睛是受大脑交叉支配的。人的大脑分为左右两个半脑，左半脑处理空间、形象和整体等信息；右半脑处理语言、数学和理性的信息。人们在思考问题时，绝大多数的人会朝着一个方向移动自己的目光，也就是说，说话者在思考问题时只会习惯于目光左移还是右移，他的目光是不可能四处游离的。通常来说，那些目光四处游离的人，就是内心在隐藏一些秘密的人，他们借助自己到处游移的目光来掩盖自己的谎言，企图蒙混过关。如果你向对方问一个不用思考的问题时，他也移动自己的目光，那十有八九就证明他不想轻易地说出这一问题的答案，或者说他想撒谎。

3.不敢与你进行眼神接触

眼睛其实就是泄露人们内心秘密的元凶，正常情况下，人们在互相交谈时，会保持目光接触，并且敢于正视对方的眼睛，这才表明双方都不回避问题，都是坦诚相对的，没有什么可隐瞒的。而有的人在交谈时会企图逃避对方正视的目光，那其实就是害怕隐藏于内心深处的秘密被人看穿，而他们在说谎时还会用揉眼睛的动作来掩饰自己。

当然，人们通过日积月累的观察，就会发现那些说话者是从来不看你的眼睛的。而说谎者本人也知晓这个道理，那些比较高明的说谎者就会避开这样一个雷区，他们会加倍专注地盯着你的眼睛，并且瞳孔开始膨胀。实际上，说谎者在注视着你的时候，因为注意力太过于集中，他们的眼球会干燥，这让他们更多地眨眼，这也是一个致命的信息泄露。

通过我们在生活中的细心观察，就会发现那些善于说谎的人总是在其眼神中泄露出一些谎言的秘密。而我们洞察对方心理的最佳办法就是在交谈时，细心而又不着痕迹地观察对方的眼神，你就能发现其中隐藏了很多秘密。

一些客套话也能表露话语真假

其实，人与人之间的交往存在着一定的心理距离，这是极为正常的。因为在你的交际范围中，除了你的亲人，其他与你关系较为密切的人，你们之间都会有从不熟悉到熟悉的过程，也就是说你们在交往之初是存在着一定的距离的，而随着你们交往的深入会缩短彼此之间的心理距离。而跟随着你们交往过程的还有礼仪用语，中国自古以来就是一个礼仪之邦，所以人们在进行人际交往时就会用到很多客套话。一方面是为了表现自己的礼貌；另一方面也会以此来表示出交往双方存在的心理距离。

在很多时候，大多数的客套话都是为了显示礼貌而增设的，并不会起任何的实质性的作用。但是，有时候，我们通过对方的一些客套话，也可以分辨出对方是否是真心的。比如，有的人在请求你帮忙之后会道一声"谢谢"，那其实就是为了表示礼貌；而有的人则会把这种感谢加以扩大化，甚至过分地客套，那就表明对方有些虚情假意。另外，当他人在面对我们的邀请时，会说几句客套话来推辞，这时候，你要依据你们之间的亲密关系而判断出对方是不是真心的。

1.礼仪之说

其实，人们每天都会说很多客套话，比如你今天结识了一个新朋友，初次见面你会说"久仰"；当你见到好久没有看到的朋友，你会客套一句"久违"。当你等候客人的时候，你会用到"恭候"；当宾客到来时你会说"欢迎光临"。当你去看望某位朋友时，会用到"拜访"，而你临走时会对朋友说"请留步"。通过这些客套的言辞，我们不难发现这就是人与人交往时所表现出来的礼仪。

当然，在陌生人面前或者关系不怎么亲密的人面前，你就会为了塑造自己良好的形象而显得彬彬有礼。其实，这些客套话是自然而然地脱口而出，如果一定要追根究底，那就是读书时代老师所教导的"知礼仪"。客套话成了人与人之间交往的固定言辞，也成了他们之间的交流障碍。那是因

为,如果你还需要对他说一些客套话,那只能证明你们之间的关系还不够密切。

2.过分客套则是虚情假意

我们在生活中之所以经常用到一些客套话,那是因为客套话所表示的是一种恭敬或者感激,不是用来敷衍人的,所以你在使用时也要掌握好一个度。如果你过分地使用客套话,就会显得比较迂腐、浮滑、虚伪,也会让对方感觉你不是真心实意的。对方可能只是为你做了一点点事情,当对方只是顺手递过来一杯水,你可以简单地说"谢谢"就可以了,你也可以说"实在不好意思,这点小事都来麻烦你,真是谢谢你了"也行。但有的人觉得这样的话不足以表达自己内心的情感,他们则会过分客套地说:"哎哟,真是麻烦你这个大贵人来给我端茶递水,真让我感到难过,实在太感激你了。"假使你在旁边,也会使你全身起一层鸡皮疙瘩。这样过分客套的话就会让人觉得很虚假,而不是诚意的。显然,过度的客套是令人痛苦的。

3.客气地推辞

或许我们每个人都有这样的经历,面对一个热衷于请客吃饭的人的极力邀请,而你又不愿意去,你就会客套几句:"能得到您的邀请,真是荣幸,但我今天晚上已经有约了,真是不好意思,希望你能够理解。"虽然说,这样的几句客套话是表示出委婉的拒绝,但是其实也含着某些虚假的成分。你的本意是要拒绝别人的邀请,但是又不忍破坏双方之间的关系,于是先说几句好话来使对方保持愉悦的心情,再适当找个借口,这样委婉地拒绝就容易被别人所接受。

而当你处于邀请人的位置上,在面对对方的客气推辞,也要学会揣摩对方的心思。你千万不要想当然地认为对方只是在跟你客气,并不是真的拒绝你。你可以依据你与他的关系密切度来洞察对方的心理,如果是与你关系亲密的朋友,他这样客气地拒绝你,那就有可能是你们之间关系出现了点问题;如果是与你关系比较疏远的朋友,他的委婉拒绝其实是真心的,可能他觉得没有必要参加你的邀请,那么这时候,你就要适可而止,千万不要强求对方。

有时候,我们可能会觉得那些客套话显得太"呆板",其实这都是人与人之间交往必须具备的语言。只有存在着一定的心理距离，才有可能使你们的关系更进一步，而且适当的客套话其实也是礼仪的标志，它会使你在对方的心目中保持良好的形象。

把诺言常挂在嘴边的人不可信

我们在现实生活中，经常会碰到这样的朋友，当我们当面向他托付一件事情的时候，他居然毫不犹豫地答应下来，连眼睛都不眨一下，甚至对你夸下海口："就这么一点小事情，全包在我身上。"说完，还真的把自己的胸脯拍得山响，而你也很庆幸终于找到能够帮你忙的人了。其实，对于那些轻易对你许下诺言的人，你要为自己多留个心眼，有可能他只是顺口说说而已，想在你面前显示自己无所不能的一面，其实对于事情能否办妥，他们根本没有一点把握。所以，在我们身边，对于那些轻易许诺的人，不要太相信他们的言辞。

1.心理动机

对于每个人来说，内心都有一种英雄情结，特别是在很多人面前，他们非常愿意显示自己有能力的一面。所以，当你在一些公众场合拜托他帮忙的时候，他会一口应承下来。而这时候，我们不得不通过他的一些言行来分析其心理动机。

(1)其实是一种好面子的行为。

很多人在面对别人的请求时不惜拍胸脯，甚至对天发誓，这时候，你千万不要被他"为朋友两肋插刀、肝脑涂地"的行为所感动，要多留一个心眼。因为在你看来，这件你想拜托对方的事情是异常棘手的，否则你也不会去麻烦人家，正是由于自己都感觉这件事情比较难办，或者自己的力量有限而办不成的，所以才会向朋友求救，而对方居然不假思索就答应下来，你不得不怀疑对方的能力问题。

其实，如果我们仔细观察对方的话语，就会发现其实他纯粹是为了好面

子，在众人面前显示自己能力超群的一面。他之所以会如此爽快地答应你的请求，实际上只是在表现自己的"魄力"以及"神通广大"，企图给在座的人留下一个良好的印象："大家都看到了吧，我这个人就是路子比较多，多困难的事情都可以给你办妥。"而至于他会不会真的为你把事情办好，不管他，因为事后的事情没有人知道，也不会有人无聊到去追问这件事的进展情况。

（2）实际上根本不想兑现诺言。

有时候，你在朋友聚会的场合请求对方帮忙，他一定会毫不犹豫地答应下来，轻易对你许下诺言："这件事，包在我身上，保准两天就给你办好。"当你听到这句话，心头的石头立马落了下来，于是回去等他的消息。可是没有想到，两天之后他根本没有联系你，而你还自我安慰："可能事情比较难办，他正在办呢，我再等等吧。"谁知一周已经过去了，还是杳无音信，你不禁有点担心了。

当你忐忑不安地打电话问他："我想问一下，上次拜托你办的事，最近怎么样了？"对方却丈二和尚摸不着头脑："你说的是哪件事情啊？"你立即有种冰凉的失落感，其实造成这样的情况并不在于对方有多大的过错，而是在于你过分地相信对方轻易许下的诺言。所以，当你拜托别人办事的时候，对于那种毫不犹豫就答应下来的人，千万不要抱着很大的希望，到时候，可能希望越大失望越大。

其实，按常理说，当你在请求别人帮忙的时候，对方都会经过考虑之后才答复你。对你来说都是极为困难的事情，对他来说也是相当棘手，即便是他答应你的请求，那么他在言辞上也会对自己有所保留，不会一口应承下来，以免自己到时候没有办成而下不了台阶，比如他会说："我会全力帮忙的"、"我尽可能给你办好这件事"，要不他也会为自己留一条后路："我想如果不出现什么特殊情况的话，应该可以办好这件事情，有什么情况我会及时跟你联系的。"像这样才能显示出他的真诚，而那种一口答应下来的人，则不要过分地相信。

2.如何应对轻易许诺的人

那么，当你遇到那种轻易许诺的朋友，你应该怎么去应付呢？你可以灵活采用自己的办法，既然对方不给自己留余地，那么你可以擅自为对方留一些时间来考虑;你也可以就在座的人作一个见证,希望在公众的提醒下,他不会忘记了这件事;然后,还需要再想想其他的办法,不能把全部希望寄托在他身上。

(1)给对方留一点时间。

既然对方在面对你的请求时会毫不犹豫地答应下来,那么你可以一开始就指出这件事的难度,表示以自己的力量都难以解决,想得到对方的帮助,并在时间上给对方一个考虑的期限,而自己等着他的答复,你可以这样说:“这件事我想要拜托你,不过,你现在不要急着回答我,明天我再打电话来问你这件事考虑得怎么样了。”或者说“这件事对你来说也是很有难度的,我也不想太为难你,你好好考虑一下再给我答复。”

(2)当场见证。

如果你指出了事情的难度之后,对方还是毫不犹豫地答应了,你不妨当着众人的面,请大家做一个当场见证,你可以说:“在座的人都听到了吧,我这哥们儿就是这么爽快。”最后别忘了补一句:“你可不要忘了答应我的事儿,我可是指望你了。”这样会让对方感觉,大家都知道他是对你当众许下了诺言,只要不是言而无信的人,他自然会考虑自身形象问题而对你兑现诺言的。

(3)自己另作准备。

虽然对方已经答应下来了,但是太过于爽快还是会让你心里有些担心,不禁会怀疑对方办事情的能力。那么,你还是需要开始着手想想其他的办法,可不要把对方的话当真,傻傻地等着回信。因为对方很有可能会忘记这件事,或者根本就是信口一说而已,不会付诸实际行动。

下篇◆应用心理策略掌控社交主动

○○○ ○○○

我们处于纷繁复杂的社会，自然会碰到形形色色的人，即便是你拥有异常聪明的头脑，卓越的能力，你的家庭背景也极为显赫，但如果你不具备洞察人心的技巧，你就无法有效地掌控人心，从而难以成为人际交往中的佼佼者。只有读懂人心，才能掌控你身边的人，才能取得人际交往的成功。因此，这就需要我们必须懂得交际的心机，懂得如何去提防小人，如何与上司、同事、下属、朋友乃至卑鄙的小人相处，懂得在什么时候“难得糊涂”，更懂得在什么时候“该出手就出手”。只有掌控了人心，我们才能在人际交往中成为赢家，才能在面对复杂的人际交往时游刃有余，应付自如。

对症下药：了解他人掌握社交局面

人生如棋,人际交往中处处存在着博弈。谁能够有效地掌控人心，谁就是人际交往中的大赢家。那么,如何才能够掌控对方的心思,操纵局面？最有效的办法就是快速地读懂人心，只有读懂人心才更能掌控人心。这就要求我们与人交往时,要准确地了解对方的心理需求,能够“对症下药”;要了解人际交往中的“潜规则”,使我们在实际交往中避开这些雷区;要掌握对方足够的信息,进行详细地分析;要依据人的不同性格,灵活采用不同的交际方式;在交际过程中,要迎合对方的兴趣,拉近双方的心理距离。最后,还要必须记住,感情投资永远不会蚀本。

从对方需求入手，方能了解人心

人与人在进行交往时，需要有效地读懂对方的心思，了解其心理需求，才能够进行更为有效的交流。但是，当你清楚地了解了对方的心理需求，更需要懂得如何“对症下药”。俗话说：“知己知彼，百战不殆。”在交往中，知彼很重要，它可以让我们掌握对方的一些信息，了解其心理需求。而当我们在实际交流中，就会借助那些信息以及对方的心理需求，进行“对症下药”，这样才能使双方之间的交流更加畅快而没有任何阻碍。

其实，每个人都有自己的心理需求，有的人喜欢听好听的话，有的人喜欢占点小便宜，有的人喜欢别人的赞赏，有的人喜欢表现自己。这其实都是形形色色的人的各种不同的心理需求，而当他们在某一固定阶段也会有其固定的心理需求，这当然要从其具体生活环境或工作环境，还有其心理环境来洞察其当时的心理需求。我们在交际中，只要能够有效地掌握对方的心理需求，对症下药，就能够取得人际交往的成功。也许，了解对方的心理并不困难，我们通过仔细观察对方的言行举止就可以洞察到对方在想什么，需要什么。如何进行对症下药，当面对有着不同心理需求的人，我们就需要投其所好，迎合对方的心理需求，寻求对方的一种认同感，消除对方的戒备心理和警惕心理，有效地进行思想上的沟通。

袁世凯窃取了辛亥革命的革命果实，掌握了中华民国临时大总统权力后，整天做着自己的皇帝梦。一天，袁世凯正在午睡，一位侍婢端来参汤，准备等袁世凯睡醒后喝。谁知这位侍婢在进门的时候，一不小心差点摔了，虽然把自己身子平衡住了，但却将手中珍贵的羊脂玉碗打翻在地，化为碎片。玉碗的破碎声惊醒了袁世凯，他一见自己心爱的羊脂玉碗被打得粉碎，气得满脸颤抖，大声吼道：“今天俺非要你的贱命不可！”

在这关键的时刻，婢女连忙跪着哭诉：“这不是小人之过，婢女有下情不敢上达。”

袁世凯大骂道:“快说快说,看你死到临头,还能编出什么鬼话。”

侍婢哭着回答:“小人端参汤进来,看见床上躺的不是大总统。”

“混账东西,”袁世凯更加生气,“床上不是俺,能是啥?”

“小人不敢说,怕人哪!”婢女哭声更大了。

袁世凯气得站了起来,咬牙切齿地说:“你再不说,瞧俺不杀了你!”

“我说,我说。床上,床上……床上躺着一条五爪大金龙!婢女一见,吓得跌倒在地……”

袁世凯一听,心中不由一阵狂喜,心想:原来自己真的是真龙转世,一定会登上梦寐以求的皇帝宝座的。顿时,袁世凯怒气全消,还拿出厚厚的一沓钞票为婢女压惊。

那位婢女是何等的聪明,她整日侍奉袁世凯,当然对他梦想当皇帝的心理体察入微。当宝碗玉碎,自己的命眼看就要没了,她情急生智,顺口编出“五爪金龙惊落玉碗”的故事。而这个谎言正中袁世凯下怀,满足了其心理需求,顿时使袁世凯转怒为喜。于是,婢女不仅拣回了自己的小命,还得到了意外的赏赐。由此可见,我们在人际交往中需要了解对方的心理需求,懂得如何对症下药是非常重要的。

西方哲学家马斯洛说,人的需要由低级向高级分为五个层次,依次为:生理的需要,安全的需要,从属和爱的需要,尊重的需要,自我实现的需要。而我们需要做的就是将这些对方的心理需求应用于交流之中,学会洞察人心,了解对方最为迫切的心理需求,有的放矢,并且采用“对症下药”的方式予以满足,就会使之产生所需求的行为。一般来说,人与人之间大多是通过语言或行为进行交流,那么首先你就要在这两方面下工夫。

1.面对不同个性的人

有的人喜欢听好听的话,那么你不妨投其所好,适当地对他说一些好话,就会赢得对方的好感;有的人不喜欢别人的恭维,那么你在说话时就要把握好一个“度”,言语真诚而不显阿谀,态度友好而不显谄媚。语言是人与人之间交往最基本的工具,所以你在交往中面对不同心理需求的人,要对症下药,说到对方的心窝里,才能够打动对方,从而进行卓有成效的沟通与

交流。

2.面对有着不同兴趣的人

不同的人有着不同的兴趣爱好，那么你在与其交谈的时候，不妨巧妙地把话题引到对方所感兴趣的话题上来。比如，他比较喜欢收集纪念品，那么你不妨也谈谈关于收藏的价值，就会激发其谈话的兴趣；他比较喜欢音乐，你就不妨说说当下最流行的音乐。总之，他的兴趣爱好是什么，在进行言语交流的时候，就用什么切入话题，这样才能使对方消除戒备心理，对你有一种认同感。

其实，我们所面对的那些形形色色的人，他们都有着自己的性格，有着自己的兴趣爱好，有着自己的心理需求。不管对方有着怎么样的心理需求，只要你能够有的放矢，对症下药，满足其心理需求，就会在交往中取得主导权，成为交际中的大赢家。

年轻人要了解人际交往的规则

每天，我们都会为了不同的目的，不得不与各种各样的人打交道。但是，实际的人际交往并不像想象中的那么简单，它并没有完全被我们掌控在手中。为了更加有效地进行人际交往，我们必须了解人际交往中的“潜规则”。人际交往中的潜规则主要是指一些人际交往的心理原则，需要避开的人际交往的雷区，需要掌握的交往中的原则。下面我们就来作一个较为详细的介绍。

1.人际交往的心理原则

我们每天所面对的是纷繁复杂的人际关系，虽然每个人在人际交往中都有着不同的目的、要求和期望，但是经过心理学家的仔细分析，还是发现在人际交往中有着共同的心理原则可寻。总结出了四条人际交往的心理原则，即交互原则、功利原则、自我价值保护原则以及同步变化原则。

(1)交互原则。

一般情况下,人与人之间的交往是建立在互相重视、互相支持的基础之上的。因此,只有遵循了交互原则,才能够在人际交往中获得成功。古人云:“爱人者,人恒爱之;敬人者,人恒敬之。”其实,在人与人之间的交往中都是有相互作用的。如果你愿意与对方交往,那一定是你比较喜欢对方,对他的某些方面比较认可,才会产生出一种好感;反之,如果你觉得对方身上存在着太多自己无法认同的东西,那么你就会从心里生出一种厌恶情绪,这种情绪就会使你在交往中拒绝与对方进行交流。

同样的道理,如果你想得到对方的认同、接纳,那根本的前提就是你自己也要喜欢、承认和支持别人。一般情况下,那些我们愿意接近的人,一定是喜欢我们的人;而那些我们避而远之的人,一定是厌恶我们的人。这就是人际交往中的交互原则。

(2)功利原则。

我们在日常生活中的人际交往,都是在互相平等的基础上进行的,这就需要我们把握彼此的功利性原则。功利性原则就是包括金钱、财物、服务,另外还包含了情感、尊重等。也就是说,每个人在进行人际交往时都是抱着一种功利的心态,希望通过交往能够有所收获。实际上,我们在这里所说的功利性并不就只是说关于金钱、财物,它也有可能是情感、尊重。有时候,我们结识了一个好朋友,其实是为了从对方那里获取支持、关心、帮助、情感依托等。当然,这样的功利性也是相互的,是建立在交互原则的基础之上的。

(3)自我价值保护原则。

通过大量的社会心理学家的研究证明,每个人在进行人际交往时都会有一种防止自我价值遭到否定的自我支持倾向。也就是每个人在与他人交往时,都怀着一种戒备心理和警惕心理,这是极为正常的。因此,当你在遇到对方不愿意轻易向你吐露秘密时,你应该明白对方只是在进行自我保护,需要正确地理解对方,并且在人际交往中遵循这样一个原则。

(4)同步变化原则。

在我们实际生活中,你会发现,每个人与每个人之间的某种变化也是同步的。那些我们越来越认同的朋友,他也会越来越喜欢我们;而很多时候,

随着交往的深入，我们可能与对方之间存在着某些差异，那些我们不怎么喜欢的人，他也会渐渐远离我们。其实，这就是人际交往中的同步变化原则。

2.需要掌握的人际交往原则

我们进行人际交往，不仅仅需要了解交往的共同心理原则，还需要以此为依据，懂得一些在实际交往中需要遵循的原则。只有掌握了这些人际交往的原则，我们才能够在人际交往中应付自如。

(1)懂得自爱。

我们在人际交往中，需要懂得自尊自爱，你不要奢望世界上会有"天上掉馅饼"这样的美事，也不要期望得到对方的馈赠。当然，有时候，朋友之间会赠送一些小礼物，这样会增进友谊，增进彼此的感情，这是可以理解的。但是，当你在面对初次见面的朋友，对方也提出对你丰厚的馈赠，你需要保持自尊自爱的原则，谢绝对方的礼物，千万不要来者不拒，这样很容易使自己受制于人。

(2)平等原则。

人与人之间的交往，是建立在互相平等的基础上的。在交往中，双方在人格上都是平等的，你千万不能因为自己资历老、学历高，就摆出一副盛气凌人的姿态，这会对你的交往极为不利。

(3)真诚原则。

人与人之间的交往贵在真诚，只有真诚才能打动人心，赢得别人的好感。在交往中，只有你以诚待人，才会同样赢得别人的真诚相待；如果你为人比较世故圆滑、尔虞我诈，那么你就永远不会有真诚的朋友。

(4)保持一定的距离。

我们在进行人际交往中，一定要保持适当的距离，既不要过于亲近，也不要有意疏远。这是因为，人与人之间的交往是需要有一定的心理距离的，只有维持好这一个心理距离，才会建立起良好的人际关系。另外，每个人在人际交往中，都会有一种本能的自卫心理。如果你与对方过于亲近，非但不能建立亲密的关系，反而会引起对方的不安全感，进而影响到彼此之间的关系。

3.人际交往的禁忌原则

我们与人进行交往时，都希望交流能够顺利有效地进行，不希望双方有交流障碍，更不希望双方之间的关系恶化。因此，这就需要我们在人际交往中避开一些雷区，懂得一些应该禁忌的原则。

(1)忌谈论他人隐私。

每个人都有一些不愿意公开或不必公开的秘密或者事情，那么我们在交往时就要学会尊重对方。即便是你了解了对方那些不为人知的秘密，也千万不要与人谈论对方的隐私。因为对于对方来说，那些不必公开的情况，有可能是缺陷，有可能是秘密。如果你对此进行大肆宣扬，就会伤害对方的自尊心，也会使你们的关系恶化，陷自己于孤立无援的境地。因为，没有谁愿意与一个喜欢谈论别人隐私的人交往。

(2)忌使用粗鄙语言。

有的人在人际交往中，或许是有意无意地经常使用到一些粗野的语言，甚至满嘴丑话、脏话，简直是不堪入耳。其实，无论你是文化素质低，还是出于一种习惯，你都要让自己尽可能地避开这种情况，因为没有谁愿意与一个满嘴脏话的人进行语言上的沟通，对方甚至不屑与你进行交往。

(3)忌浅薄无知。

很多人在人际交往中，喜欢不懂装懂，经常拿出一副教训人的口吻，但是所讲的都是外行话，言不达意。其实，这样的人是最不受欢迎的，对于某方面的知识比较欠缺，就要学会谦虚谨慎，不耻下问，千万不要妄加议论，在他人面前表现自己浅薄无知的一面，这样只会把自己陷入一个尴尬的窘境。

多做了解，掌控对方的信息

有时候在人际交往中，为了使我们的交往更加顺利地进行，那就需要我们详细地了解对方。而你想要了解他人，那么就先要掌握对方足够的信息。

因为只有掌握了对方大量的信息，才能够依据对方的需要调整自己的交际措施，才能够使我们在人际交往中占据主导地位。

一般来说，我们去了解一个陌生人，都是从其性格特征、生活习惯、行为方式、兴趣爱好等各方面进行了解。实际上，我们在了解一个人的时候，往往容易出现“一叶障目”的错误，或者只是单方面地了解对方，这样就会使我们了解得不够全面，也会造成我们在与对方的交往中出现一些交流上的障碍。因此，我们想要更为全面地了解对方，就需要获取足够详细的信息，具体来说，就需要从下面几个方面去了解。

1.对方的主要性格特征

每个人都有自己独具个性的性格特征，有的人是属于敏感型，有的人属于情感型，有的人属于思考型，有的人属于想象型。心理学家认为，那些相似性格的人更容易互相交往。当你了解了对方的性格是属于哪种类型，就可以在与其交往中对症下药，这样有助于改善双方之间的关系，使你们的交往更加愉快。

当然，每个人并不是只具备单一的性格特征，他可能还具有两种或两种以上的性格特征。但是他所具有的主要性格特征就是其代表类型。这就需要我们掌握对方的主要性格特征，才能够更为详细地了解对方。

2.对方的行为习惯

在现代社会中，人际关系就如同一张大网，网住了所有的人，没有人能够脱离了这张巨网而独立存在。但是，有时候，虽然你有着广泛的交际，却没有形成稳定的关系，所以无法与之建立融洽的人际关系。因此，你必须掌握对方足够多的信息，才能够了解对方的心理。我们可以通过对方的行为习惯来了解对方，比如，有的人习惯躺着看电视，有的人习惯结伴逛街，有的人习惯无聊时就随意在纸上写点东西，有的人习惯把东西放得规规矩矩。其实，不要小看了对方的这些行为习惯，你可以透过这些细微的地方，再加上自己精心的判断，就会推断出对方是一个怎么样的人。

3.对方的心理状态

我们在与对方的交往过程中，可以从其谈吐、遣词用字方面来掌握对方的心理状态，只有了解了才能够明白如何来应付。通过说话方式来了解对方的心理状态，我们越是与对方进行深入交谈，就越容易发现对方正处于一种怎样的心理状态。当我们交谈的话题进入核心部分时，你可以仔细观察对方说话的速度、口气，那是我们探知对方深层心理意识的关键。并且以此为依据，判断出对方心里正在想什么。

4.对方的兴趣爱好

我们也可以掌握对方的兴趣爱好，进而了解他是一个什么样的人。通常来说，一个人的兴趣爱好往往能反映出其心理需求。比如，有的人喜欢玩益智游戏，那就可能说明他比较聪明并且善于发挥自己的优势；有的人喜欢四处旅游，则可以说明对方是一个懂得如何放松自己的人，他在任何时候都会明白自己最想得到的是什么；有的人喜欢喂养宠物，说明他本身是一个容易孤独的人，而且不容易相信别人；有的人喜欢收藏纪念品，则可以说明他是一个明白自己价值所在的人，通常他也能够有深刻的自我认知。

总而言之，要想更好地了解对方，就尽可能地多掌握一些有关于他的信息。当然，获取信息的途径是多种多样的，可以直接当面与他进行交谈，以观察其言行举止来了解对方；也可以通过对方较为亲近的人，通过他身边的人来了解更多关于他的信息；还可以通过平时对他的细心观察，来了解对方的心理。

不同性格的人，需要用不同的方式与之交往

每个人都有自己不同的性格，那么就需要我们在进行实际交往中运用不同的交际方式。一般来说，人的性格各不相同，而古希腊一位心理学家曾经对人的性格类型进行了多年的研究，他认为人体内有四种体液，而某种体液占主导，其行为方式、反应和情绪表现就带有这一类型的特点，并把人在生活中、与人交往中的性格特点分为四类。即多血质、胆汁质、黏液质、抑郁质。

这四种主要的性格类型有不同的心理特点，这些特点既有优点，也有缺

点。因此,我们并不能说哪种性格类型的人好相处,哪种性格类型的人不好相处,即使对方某种性格类型的缺点很突出,这也不能以偏概全。那么,我们在实际的人际交往中,就要避开对方性格上的某些不好的方面,而激发其性格中积极的一面,这样更有利于我们与之进行有效的交流与沟通。当然,面对不同的性格类型,我们所采用的交际方式也会有所不同,下面就简单地作一下介绍。

1.面对多血质性格类型的人

一般来说,多血质的人性格比较外向、活泼好动,经常保持一种轻松愉快的心态,对生活怀着一颗热情、可亲、开朗、豁达的心。他们善于交际,拥有敏捷的观察力,比较健谈。他们有着较强的适应能力,工作有效率,极富有朝气,面部表情也极为丰富,情绪发生迅速且丰富多变,他们对一些新鲜的事物比较敏感但不够深刻。而他们的缺点就是:兴趣广泛而浮躁、容易随波逐流;轻率而不够踏实,对任何事情只有三分钟热情;情感不易深沉,容易见异思迁;缺乏耐心与毅力,容易轻率作决定。

面对这一类型的人,需要以真诚的态度赢得对方的好感,进而迅速与其确立良好的人际关系。在交际中,要随时注意观察对方的面部表情,因为对于这一性格类型的人来说,他们的面部表情就是他们心情的晴雨表,他们不擅长隐藏自己,而是把喜怒哀乐都表现在脸上。如果在交往中发现对方脸上有不悦的表情,就要适时收住自己的话题,转换到别的话题上。对于这一性格类型的人,要花一些精力来建立起双方之间的信任感,并且在交往过程中善于引导对方的情感,进行更为有效地沟通。

2.面对胆汁质性格类型的人

这一类型的人外向而精力充沛,他们的情绪来得快,去得也快,而无论是语言还是行动,他们都能够果断迅速,雷厉风行。他们对生活怀着一种异乎寻常的热情,比较乐观,也很率直。他们常常能克服工作中的困难,能够坚持到底。而他们的缺点是:比较冲动,莽撞,容易愤怒并且难以自制;他们比较刚愎自用,性格比较倔犟甚至挑衅;一旦他们精力耗尽就会情绪低落,信心受挫。

面对这一性格类型的人,你的一言一行都要经过“三思”,千万不要触动对方愤怒的情绪。由于他们的性格比较倔犟,有时候可能更容易服软,所以你不能硬性地要求对方去做什么,而是巧妙地引导对方按你的想法去思考。当出现一些困难的时候,需要照顾到对方的情绪,并进行适当的鼓舞,激发其自信心。

3.面对黏液质性格类型的人

这一性格类型的人比较内向、沉静、谨慎、稳重,他们在说话时比较迟缓,不会轻易暴露出自己内心的活动。他们平时性情比较平和,办事比较认真,有条有理,很细心、有韧性。他们在交际中虽然不善言辞,但是却懂得忍让,是可以信赖的朋友。他们的缺点是:比较执拗、不灵活,适应能力也比较差;比较迟钝、被动、冷淡,有时候落落寡欢而显得不合群,性格比较保守,并且容易委靡不振。

面对这一类型的人,你需要付出很大的耐心和精力,由于他们性格比较内向,不会轻易向你吐露内心的想法和意见。可一旦他对你产生了一种信任感,就不会轻易改变。所以,与他们初次见面的时候,不要被对方冷漠的样子给吓到,你一定要留给对方一个良好的外在形象,并且通过自己的言行举止来使对方对你产生一种好感。

4.面对抑郁质性格类型的人

这一类型性格的人属于极端内向的人,他们很柔弱,容易敏感、腼腆。他们的情绪来得很慢,一般不轻易发脾气,但一旦发起火来就会十分强烈。他们平时比较严肃,不畏惧困难,也很细心,容易发现别人不易发现的问题。他们的缺点是:情绪比较脆弱,比较畏缩,逆来顺受;他们平时多愁善感,经常忧心忡忡。他们经常会比较冷漠、多疑,做任何事情都犹豫不决,经常为了小事而动感情。

面对这一类型的人,说话要委婉,不能太过于直接,要随时照顾到对方敏感的心理。我们还需要以温和的态度对他,不要轻易触动其愤怒的神经。在交往中,需要经常给予对方一些赞赏,不要随便批评他,这样才能使对方树立好信心。总的来说,面对这一类型的人,需要小心翼翼,不论是说话还是做事,都要随时考虑到对方的心理。

多谈对方的兴趣，能拉近彼此距离

卡耐基曾经说："即使你喜欢吃香蕉、三明治，但是你不能用这些东西去钓鱼，因为鱼并不喜欢它们。你想钓到鱼，必须下鱼饵才行。"因此，这就需要我们在与他人的交往中，主动迎合对方的兴趣，这样才能拉近交往双方的心理距离。每个人都有自己的兴趣爱好，往往最感兴趣的那方面恰恰是他们所擅长的一面，当你主动迎合了对方的兴趣，这样无形之中会让对方感到受重视，也会感受到你的尊重。当然，当你在迎合对方的时候，需要讲究技巧和方法，要把握好一个度，超过了一定的限度，就会有阿谀奉承之嫌。所以，当你在迎合对方兴趣的时候，需要巧妙灵活，既能让对方感到被重视，又不能让对方看出任何的破绽。

很多人在进行人际交往的时候，只是谈论自己，从来不会考虑到别人的想法，这样的人永远不会得到别人的认同。我们在与人交流时都希望少一些阻碍，多一些和谐的因素，而这最佳的诀窍就在于迎合他的兴趣，谈论一些他最喜欢的事情。

小张是一家房地产公司的设计师，最近他接到一个极为重要的任务，那就是为公司的一个大型园林项目做一个设计。对于这么艰难的任务，自然会需要一位极具实力的设计顾问。于是，在公司的推荐下，他准备去聘请一位特别著名的园林设计师。在接受任务的时候，他就从总裁的嘴里得知，那位设计师已经退休多年了，而且他本人性情清高孤僻，一般的人很难请得动他。

为了能够成功地请出这位著名的设计师，小张在事先对老设计师做了一番很详细的了解。他了解到那位老设计师平时就喜欢作画，便临时花了几天的时间读了几本中国美术方面的书籍。当他来到老设计师家，一开始，老设计师对他态度相当冷淡，既不与之交谈，也不理睬他，自顾画自己的画。

小张不经意发现老设计师家的书桌上放着一副刚作完的国画，他便忍不住赞叹道："您的这一副丹青，景象新奇，意境悠远，真是难得的好画啊！"几句话说得老设计师不禁有些自豪起来，他回头看了看小张，然后又埋头作画了。

小张慢慢地站到老设计师的旁边，接着说道："老先生，您这幅画是模仿了清代著名画家张兆祥的风格吧。"老设计师不禁有些对小张刮目相看了，他放下手中的笔，开始与小张评价起了清代名家的作画风格。接着，小张凭着自己较好的记忆力，对所谈话题进行深度挖掘，环环相扣，使两人越谈越亲近。终于，老设计师面露微笑地向小张说："年轻人，你跟我说了这么多，你有什么需要我帮忙的地方吗？"小张不禁又惊又喜，赶忙说出了自己的来意。老设计师沉思片刻，欣然应允。

其实，每个人都渴望来自他人的肯定与赞赏，这会让他觉得自己价值的重要性。你怎么去对待他人，他也会以同样的方式对你。如果你想让对方认同你，那么你就得先认同对方，这是一种互相认同。如果你想缩短交往双方的心理距离，那么你不妨向对方谈论一些他感兴趣的话题。

每个人都有自己的兴趣爱好，有的人喜欢打篮球，有的人喜欢看书，有的人喜欢听歌，有的人喜欢看新闻，有的人喜欢书法，有的人喜欢绘画，有的人喜欢食物，有的人喜欢下棋。总之，每个人都有一种或是多种的兴趣爱好，而一些高明的交际者就会懂得迎合对方的兴趣，以此来拉近双方的距离，博得对方的好感。

二十几岁要学会做感情投资

人与人之间的交往是建立在交互的原则之上的，在这一交际原则的作用下，使得我们的心理有某种平衡点。当对方用一种友好的姿态来对待我们，我们也会以同样的姿态回报对方，即便是你心中有所不甘愿，但交互的原则也会相应地给予我们心理压力，迫使我们作出友好的姿态。否则，你会

因为内心的压力而感到不安。当这样的交际原则已经根深蒂固存在于我们心里，当我们面对对方投来深厚的感情的时候，所想回报的感觉会更加强烈。基于这样的道理，我们对他人报以深厚的感情，也会换来丰厚的回报，这本身就是一种交互的心理作用。当这样一种情况出现后，我们会明白，在人际交往中，进行感情投资是永远不会蚀本的。

通常来说，你对他人进行感情投资无疑就是往感情账户上进行储蓄。因为人都是有感情的动物，你在平时乐于助人，主动帮助别人，就会不断增加感情账户上的储蓄，也会更加赢得对方的信任。那么，当你遇到困难或求人办事，需要他人提供帮助的时候，你就可以以这种信任感换来鼎力相助，正所谓“敢问情为何物，直叫人生死相许”。由此可见，感情有多大的影响力。这就需要我们在工作中，在生活中，多给别人一份帮助，多一份关心，多一份理解，当你需要帮忙时，谁还会拒你于千里之外呢？

吴起是一位名将，他不仅骁勇善战，还能够与士兵同甘共苦。正因为如此，他在士兵中有着很高的威望。在军队中，吴起将军与下级将士们在一起，穿一样普通的衣服，吃一样的食物，睡觉时不因为身份特殊而铺席，行军时也不单独备车，自己备粮食，时刻分担士兵们的苦恼。

有一次，一位士兵在军队中生了肿瘤，他显得痛苦不堪，吴起见状毫不犹豫地用口将其肿瘤内的脓汁吸出。吴将军这样的举动令那位士兵和在场的人感动不已。后来，士兵的母亲偶然听到这个消息，忽然放声痛哭起来。旁边的人觉得很奇怪，就问她：“你的儿子只不过是一个小小的士兵，却蒙吴将军亲自将他身上的脓吸出来，你应该高兴才对，为什么反而伤心地哭泣呢？”那位母亲回答：“先夫早年也是蒙吴将军不弃，吸取他肿瘤里的脓，从此他跟随吴将军四处打仗，以此报答吴将军的大恩，最后终于死在战场上。如今吴将军又为我儿子吸出脓汁，这不是说明我儿子也将步他父亲的后尘吗？这叫我怎么不伤心呢？”

人都是有感情的，更懂得回报恩情。而吴起将军正是用自己的实际行动来体现自己的“爱兵如子”。当士兵感受到吴将军的恩情，只会感到莫大的自豪，随之而换来战士们的尽心竭力。所以，吴起将军带领着这样一群士兵，奋勇杀敌，战功连连，也为吴将军带来了不少的荣誉。

俗话说:“女为悦己者容,士为知己者死。”这就是进行感情投资的结果,如果你以真挚的感情对待他人,也会同样得到对方感情的相待。很多人在人际交往中不注重感情的投资,他们认为人际交往中只有功利性目的,这样的想法使得他们在办事时抱着一种“有事有人,无事无人”的态度,因此他们都会被别人抛弃。当他遇到苦难或需要帮忙时,别人都会躲得远远的,没有人愿意来帮助他们。

松下幸之助就是一个十分注重感情投资的人,他每次看见辛勤工作的员工,都要亲自上前为其沏上一杯茶,并充满感激地说:“太感谢了,你辛苦了,请喝杯茶吧。”正因为松下幸之助懂得在平日里对员工进行感情投资,时刻不忘表达出自己对下属的爱和关怀,所以他获得了员工的一致拥戴,而“松下”也成了国际知名的品牌。

人与人之间都是相互的,如果没有互信互助,就没有互惠互利;如果双方之间没有深厚的感情,就不会有彼此的信任。所以,这就决定了我们在进行人际交往的时候,要注重感情投资,不断增加感情的投入,其实就是不断地积累彼此的信任度,更是一种保持和加强亲密互惠关系的必要途径。

遵循原则：掌握获得他人信任的方法

我们要想在人际交往中更加有效地掌控他人的心思,就必须要赢得对方的信任。因为只有建立在对方对你信任的基础之上，你才能够获得对方足够多的信息,进而能够更清楚地了解对方,洞察出对方的心思。那么,如何来赢得对方的信任呢？那就需要我们在人际交往中注意几个原则:有时候,宁愿自己多吃亏,因为吃亏也是一种福气;在自己得意的时候,千万不能得意忘形,也要考虑到失意者的情绪;我们在任何时候,都不要做出落井下石的行为;无论是说话还是做事，都要为自己留一条后路；在人际交往中,面子很重要,所以既要顾及自己的面子也要考虑到他人的面子;与其让对方对你产生好感,还不如让对方感觉他在你心中很重要。只要你在人际交往中掌握好这几个原则，那么你就一定能够洞察对方的心思,进而有效地掌控人心。

二十几岁要甘愿吃亏，才更能赢得人心

人们常说："吃亏是福。"很多人都不明白这个道理，他们总是从表面上看问题，觉得自己已经吃亏了，怎么可能还是一种福气呢？实际上，他们没有看到深层次的问题，如果你能够把"吃亏是福"这句话作为自己交际的座右铭，那么你的言行举止无疑会为你赢得更多的人缘，并且塑造良好的形象。对于很多时候来说，你在平时的小事上吃点亏，并不会对你造成太大的损失，而当重大事情来临的时候，那些对你充满好感或同情的人就会想到你，最终你会因"宁愿自己吃亏"而沾上福气。所以，我们在人际交往中，不能时时刻刻都只想到自己，有时候还需要考虑到他人，宁愿自己吃亏，这样才会使自己的人际交往顺顺利利，游刃有余。

人的本性都是自私的，所以这就决定了很多人在人际交往中，唯恐自己哪点没有得到满足，他们无论是说话还是做事，首先考虑的都是自己的得失问题，而从来不顾及他人的感受。他们不希望自己在哪怕一丁点问题上吃亏，常常得理不饶人，什么事情都与别人斤斤计较。不管是在生活还是在工作中，凡是有任何可以得到好处的地方，准少不了他们。这样的人在人际交往中无疑就是整天"嗡嗡"叫的苍蝇，常常惹得人们恨不得把它拍到墙上，永远不得动弹。相反，还有一类人则个性随和，比较好说话，他们做任何事情都宁愿自己吃亏，而不希望伤害到他人的利益。所以，他们在人际交往中人缘都特别好，走到哪里都能获得别人的喜欢，不知道是运气还是福气，他们还常常能够碰到"天上掉馅饼"的美事。

老周是个性情随和的人，也比较好说话，而且常常宁愿自己吃亏也不伤害到同事的利益，也不喜欢与同事之间发生任何的争执。因此，他在公司的人缘很好，不管是领导还是同事都对他亲切有加。

但是他一回家，老伴就开始啰唆开了："就你傻啊？什么事情都让给别人，你瞧瞧，你在公司勤勤恳恳十几年，还是一个小科长，就没有升职过，你看看你们公司新来的那小王，马上就升为部长了，就你没出息。”老张性情温和，面对老伴的唠叨他只是一笑了之，老伴见他那样，说得更有劲了：“你看看你，干了十几年，连套房子都没有分到，明明自己能够获得这种机会的，每次都让给别人，你说你工作都为了啥？”老周还是笑笑，老伴不禁有些生气了。

公司最近出现了人事变动，副总经理因为总公司的事情马上就要调回去了，公司需要马上从下级领导里提出一个新的副总经理来。其实，副总经理的工作主要是协助总经理的工作，所以在很多时候，都是人事接洽、处理公司内部问题等亲力亲为的工作。这时候，总经理不禁想起了老周，他觉得老周个性随和、对工作很积极，做事也比较认真，是副总经理的恰当人选。

当他在会议上说出自己的意见的时候，公司很多的领导都无异议并一致通过。于是，老周一下子从科长的职位上升为了副总，这在公司也是史无前例的。

老周之所以能够从一个科长提升为副总，而且公司领导和同事之间都无异议，那就是由于老周平时在公司里建立起来的信任感和好人缘。其实，有时候，宁愿自己吃亏并不是一件容易的事情，但是你能够建立良好的人际关系，那对于你来说就是最大的回报。

有时候，自己吃亏表面上看是自己在某些方面的利益受了损失，但是从长远来看，人际交往中的“宁愿自己吃亏”却为我们带来了莫大的利益。也许我们只是在物质上、金钱上受了一点损失，但是随之而来的好人缘，以及强大的信任感，那些都是无法比拟的。吃亏是福，这话确实不假。

1.为自己赢得好人缘

我们在人际交往中的成功并不在于你获得了多少东西，而是在于你是否受到人们的欢迎，是否能够得到人们的信任。如果你在人际交往中处处计较自己的个人得失，而不顾及他人的利益，那么你即便是获得了某种心理上的满足，你也孤家寡人一个，没有任何人会喜欢与一个斤斤计较的人交往下去。但是，如果你在平时的时候，不贪图小恩小利，宁愿自己吃亏，让别人获得满足，这无疑会为你赢得很好的人缘。

因为宁愿自己吃亏,也不希望伤害到对方的利益,也不希望自己陷入各种争执之中,这对于别人来说,你不会对他造成很大的威胁,甚至他还会把你当作一个可以信赖的朋友。无论是争执的双方还是旁边的人,都会觉得你是个不错的人。当这样一种好感泛滥之后,你就会发现你走到哪里,都是受欢迎的,无论上级对你怎么样的嘉奖,他人都是毫无异议的。

2.让他人有种亏欠感

当你把有可能属于你或者本来就属于你的东西让了出去,而让自己蒙受损失,即便是对方得到了他想得到的东西,他的心里也会感到不安,或者是感到一种亏欠感。在平时交往中,他只要与你进行接触就会带着这样一种感觉,总是觉得对不起你似的。所以,当更好的机会来临之后,他就会主动提出把这样一个机会给你。或者是当下一个机会来的时候,他第一个想到的就是你,因为对你有所亏欠,所以他想以这样的方式来补偿你。

当然,其中也有可能是极端自私自利的人,即使他得到了他想得到的东西,也不会有任何亏欠感。但你依然已经赢得了他的信任,他会觉得你这个人还不错,也会消除对你的敌意。

3.避免惹上小人

有的时候,你仅仅是为了一点点得失就与对方进行无谓的争执,这很容易为自己带来一些麻烦。我们在与对方交往之前,他的内心都是极其复杂的,我们不能排除对方是小人的情况。万一与你争执的是一个小人,那么你就为自己惹上麻烦了。或者他会想尽一切办法来与你进行利益之争,最终双方都是筋疲力尽;或者当你赢得了利益之后,他会到处宣扬你的坏话,以此来破坏你的形象;即便是他最终赢得了利益,他也会对你怀恨在心的,你也不要指望小人的心胸有多宽广。

因此,我们在人际交往中,要保持平和的心态,不妨让自己的心胸大度一点。千万不要太在意个人的得失问题,而是需要建立起对方对你的信任。吃亏是福,在交往中,适当让自己吃一点小亏,可以让自己获得更为重要的东西,那就是信任。

人生得意，也要顾及失意者的心情

生活中我们经常见到这样的人，他们在事业春风得意的时候，就会到处表现自己的丰功伟绩，言辞之中不乏一种骄傲自豪的口气。而且，很多得意者不仅不会收敛自己的兴奋情绪，还会以此为资本在失意者面前大谈特谈。其实，这都是极为不妥的做法。人生漫漫征途，有时候也会有潮起潮落，每个人都有得意与失意的时候，并不是都会一帆风顺。也许，当你沉浸在得意的兴奋情绪中，转身就是随之而来的失意落魄。所以，当你处于得意的时候，千万不要喜形于色，甚至飞扬跋扈，尤其是在失意者面前显示你的得意之态，这样非但不会引来欢呼之语，只会为自己招来更多的愤恨。其实，当我们在得意的时候，尤其要考虑到失意者的情绪，要善待他们，因为当你在失意时会需要他们。

人生都会有得意之时，失意之日。每个人在得意的时候，情绪都会处于一种极端兴奋的状态，愉悦的心情也溢于言表。当然，我们非常理解得意时的那种骄傲和自豪之感，但是当你在得意的时候，你是否顾及了失意者的情绪呢？也许，人生际遇就是这样，恰恰是你的得意才有了他的失意，那么他本来心里就对你充满了怨恨，而在这个时候你还要到处"得意"，只会让他对你的恨意越来越深。有时候，我们在与朋友聊天的时候，正碰上朋友事业衰败，那么这时候你就要尽量克制自己兴奋的情绪，多照顾一下对方的心理，千万不要在他面前谈你的工作是如何的出色或者是你又加薪了。这都是应该避免的，我们在人际交往中千万要掌握这样一个原则，那就是不要在失意者面前说你得意的事情。

有一次，几个好久不见的朋友聚在一起，开导情绪正陷于低潮的老王，老王不久前因经营不善公司倒闭了，妻子也因为不堪生活的压力正与他谈离婚的事，内外交困，他痛苦极了。

一起来的朋友都知道老王的遭遇,人家都避免去谈与事业有关的事,拿自己以前的挫折给他宽心,或说些安慰话。可是在座的老周刚刚发了大财,正值春风得意的时候,他几杯酒一下肚就忍不住开始谈他的赚钱本领和花钱功夫。那种满脸得意的神情,以及满嘴的犀利语言,让谁看了听了都不舒服,更何况是正处于低潮期的老王了。几位在座的朋友都纷纷向老周使眼色,但老周却不明白,他看了看老王,居然叹气道:"老王,老实说,以前我挺看好你的,可你现在怎么弄了个事业爱情都衰败了。看看哥们儿,你应该多向我学习学习,哈哈!"老王低头不语,脸色非常难看,他一会儿去上厕所,一会儿去洗脸,后来还是找了个借口提早离开了。事后,他愤愤地说:"老周有本事赚钱,他也没有必要在我面前吹嘘嘛!是不是看我现在不顺利,他专门来讽刺我的?"后来,老王总是避开与老周的往来,而且心中总是对老周那番话愤恨在心。

其实,每个人都有过低潮期的时候,我们应该理解对方的那种心情。而老周对老王说的那些话,无疑就像把盐撒在本来已经伤痕累累的伤口上,那种感觉说有多难过就有多难过。因此,我们在人际交往中,自己得意时要考虑对方的情绪,千万不要在失意者面前谈论你的得意事。

当然,如果你在工作上正是春风得意的时候,那种极力想谈论自己,证明自己,抒发一下自己的万丈豪情,那种急迫的心情是可以理解的。但是,即便是你要谈论一下自己的光辉业绩也要看准时机和对象。你可以与你的下属谈,享受他们投给你的钦佩的目光;你也可以和那些成功的人士谈,共同分享愉悦的心情,快乐的人生,成功的经验。但是,千万不要在失意者面前谈,你需要考虑到他们的情绪。因为,你的得意表现,对大部分失意的人来说是一种莫大的伤害,那种痛苦的滋味也只有尝过的人才知道。总而言之,自己在得意时要顾及失意者的情绪,如果你言行举止不当,就会为自己或朋友带来一些伤害。

1.使失意者情绪更加愤恨

一般情况而言,当一个人失意时,身边的人都是极为难受的,即便是他们没有处于失意的状态。你的所作所为都会将对方置于一个失意的状态,而他们对你除了羡慕还有忌妒,甚至是愤恨。而失意的人没有什么攻击性,由于失意带给他们的就只是郁郁寡欢、沉默寡言，但是你千万不要以为他心里就没有什么别的想法。当听了你得意的言论之后，他们会普遍产生一种怀恨的心理。本来他们已经对你的得意有了某种恨意，而你的表现只会让他对你产生出更多愤恨的情绪。当你说得唾沫横飞，或是自鸣得意的时候，对方心里已经不知不觉地埋下了一个炸弹。

2.失意者有可能会对你进行报复

也许，你在当时的情况下并没有发现那些失意者对你有某种不满的情绪，其实这时候对方并没有显现出来，似乎在失意的状况下也无力显现，但他们会铭记在心里，寻找着各种机会向你报复。你没有顾及到他的感受，他也就不会去考虑到你的想法，他会想方设法地来泄恨，来发泄他心中的愤恨情绪。以至于干出一些小人才干的事情，比如背着你说你的坏话，到处散布你的谣言，甚至故意与你为敌，在你即将晋升时扯你的后腿，他这样做的目的就是不想看到你得意的嘴脸。如果他以前是你的朋友，那么他就会开始逐渐疏远你，避免和你碰面，以免再次看到你得意的嘴脸，再听到你的得意言论。于是，你不知不觉间就失去了一个朋友，而多了一个敌人。

3.造成一种人际关系的危机

也许，你并没有关注到那些失意者给你带来的一些伤害，而你那得意的姿态会使得你间接地失去一些朋友，这无疑是你人际关系的一种危机，对你的交际没有任何帮助，只会使自己落入一个孤立无援的境地。另外，出于个人的心理来说，他们并不希望看到别人得意的时候，所以你的所作所为只会把自己推入一个难以控制的场面。

所以，当你有了得意之事，不管是升了官、发了财或是一切顺利，千万不要在正失意的人面前表现出来，如果在不知情的情况下说了，事后也要向对方道歉，尽量把伤害的程度降到最低。

总而言之，即便是你正处于得意的时候，也要多顾及一下失意者的情绪，以及身边人的情绪。因为每个人都是有忌妒心的，这一点你必须承认，你的得意还会引起那些你身边人的反感。所以，最好的办法就是你在得意时少说话，态度要更加谦卑，这样才能为你赢得更多的人缘。

年轻人任何时候都不能落井下石

有的人看见别人出事了，惹上麻烦了，心中就会充满了一种快感，甚至还会作出一些落井下石的事情来。他们唯恐对方受伤不够重，再在对方身上补上致命的一剑。像这样类似小人的行为，在人际交往中是不会得到任何好处的，只会让你臭名昭著。你落井下石的行为不会得到任何人的认同，而俗话说得好："三十年河东，三十年河西。"风水都是轮流转的，你也不能预测到将来会发生什么事情。而你那些伤害对方的行为，对方只会在你陷入困难时加倍地奉还给你。到时候，你如何能够经得住致命的打击？因此，我们在进行人际交往的时候，任何时候都不要落井下石。

对于每一个人来说，人生并不是一帆风顺，总会出现大大小小的挫折和困难。小致丢了工作，大致性命攸关，这对于我们来说都是无法预料、不能避免的。因此，无论对方是陷入困境还是处于挫折之中，我们都不要落井下石，这对对方而言无疑是雪上加霜，往伤口上撒盐，给对方造成比事件本身更大的伤害。即便是对方曾经与你有过矛盾，你也要坚守起码的做人原则，那就是在任何时候都不要落井下石。

1.行为性质极其恶劣

"落井下石"这句话，出自韩愈文："落陷阱，不一引手救，反挤之，又下石焉者。"意思就是说趁人不备的时候，存心加害对方，预想制对方以死地，或者说引诱对方落入陷阱，然后再狠毒地扔块石头给他，这无疑是雪上加霜。本来对方已经身处不幸之地，而你非但不提供任何帮助，反而想着怎么加害于他，这样残忍的行为比"见死不救"更恶劣，也比那些在旁边幸灾乐祸的人更狠毒。

人与人之间的交往都是相互的，都是建立在平等的基础之上的。如果你想让对方喜欢你，那么你就先喜欢对方；如果当对方"落井"而你却以"投石”来对待,那么对方也会对你毫不客气的。虽然,生活中不乏心胸宽广之人,但是对方也一定不会忍下这口恶气。

2.唇亡齿寒

每个人都懂得“唇亡齿寒”的道理,却在交际中不注意这个问题。古人云:“城门失火,殃及池鱼。”当你对他人的苦难进行无情“投石”以击之,那么你也无法预料未来会发生什么事情。有的人在公司,面对遭到上司批评的同事,一副幸灾乐祸的样子,似乎还不够解恨,还居然跑到上司的办公室打小报告、告黑状。其实,当你在进行这些行为的时候,也许下一个遭上司批评的人就是你。因为那种背后说人家坏话,放冷箭的人,上司也是不会欣赏的。你也不要觉得自己的境遇比对方好,其实都是一样的。

因此,我们任何时候做人都要厚道,对于别人的不幸要给予同情,对于别人的过失也要进行自我反省。不管是幸灾乐祸,还是落井下石,都是墙倒众人推,这都是小人的行为。你要永远记住:风水轮流转。古往今来历史上没有任何一个潮流与现象是永恒的,都是盛极必衰,衰极必盛。

年轻人做事留有余地,绝不斩断自己的后路

当我们无意钻进了一条死胡同,那无疑是让人比较沮丧的事情,这就表明你必须顺着原路返回,再换另外一条路走。也许,这是在我们日常走路时经常碰到的情况,如果仅仅是走路,我们还可以有退回原路的机会。但是如果是在生活中或者人生中,我们说了什么话、做了什么事情、下了什么决定,那都是不可更改的,不会给你第二次机会。当你因为自己所说的话,所做的事情,所作的决定而步入一条死路时,到时候你就会觉得极端地绝望,没有一丝回旋的余地,那是相当痛苦的。那么,如何有效地改善这样的情况?那就需要我们在说话、办事、作决定的时候,千万不要斩断自己的后路,多为自己留一条路,因为那是生的希望。

多为自己留一条后路,那无疑是希望事情能够有回旋的余地。在我们

的生活与工作中，并不存在着绝对的事情，而自己也并不能把每件事都运筹于帷幄之中，把每一步都算得很精准。这就需要我们在说话办事时学会为自己留一条后路，千万不要说太绝对的话、做太绝对的事情，斩断自己的后路，那无疑是亲手把自己逼进了死胡同里。

希腊神话中，相传有位叫米若斯的国王为了报杀子之仇，向雅典发起战争，迫使雅典人每隔几年送7对童男童女到克里特岛，用来喂米若斯关在克里特岛迷宫中的怪牛。雅典王子忒修斯决定要杀死那头吃人的怪牛，于是，他和另外13位童男童女一道前往克里特岛。迷宫设计得非常复杂，进去的人没有一个能活着出来。为此，忒修斯先用自己的魅力征服了米若斯国王的女儿，向这位公主讨到了走出迷宫的办法，最后不仅成功地杀死了怪牛，并且安全地返回了雅典。走出迷宫的办法是，带上一个线团，从进入迷宫时开始放线，最后再顺着线路返回。

在我们的人生路途中，也会经常碰到“克里特岛迷宫”。由于太过相信自己的实力，不肯轻易退却的我们，当然是勇敢地走下去。但是，在很多时候，我们大多都会因为胆大有余、细心不足，结果使自己深陷迷宫不能自拔。我们再来看看忒修斯走迷宫的过程，原来我们在进入迷宫之前，忘记了一件最为重要的事情，那就是为自己留下一条后路。

那么，如何才能不斩断自己的后路而使自己能够更加坚定地前行呢？

1.说话留一分余地

很多人在说话的时候很绝对，于是他们常常把话说得太死。比如，当朋友委托他帮忙的时候，他就会夸下海口：“这事包在我身上，你就放一百二十个心。”而若那件事并没有如期办好，等到对方开始询问的时候，他却开始为自己找借口，立即就让朋友看清了面目。其实，即便是那件事对你来说真的很简单，那你也要考虑到一些客观因素，你可以在说话时为自己留一分余地：“这事我先试试看，我会尽我的全力去帮助你，如果有什么事情我会随时联系你的。”这样既给了对方一个定心丸，又使自己有了一个回旋的余地。万一事情没有办好，自己也不用负多大的责任。

2.做事留点分寸

很多人在做事的时候，太过于相信自己的能力，只要想好了事情的整个计划就开始施行,并不担心万一发生什么事情,预备一个紧急预案。当你一意孤行,执意去钻那个死胡同,那么你就没有办法回头。如果你能事先为自己准备一个紧急预案,还能够让事情有缓和的机会。因此,我们做任何事情都要有一定的分寸,跟说话一样,都需要“三思而后行”,才能够使我们牢牢把握住事情的发展,进而获得成功。

3.作任何决定都要经过深思熟虑

在人生这条路上,有很多的十字路口需要我们作出恰当的选择。选择不同的一条路,就注定了另外一个结果。因此,你在作任何决定的时候都要经过深思熟虑,才能够不后悔作出这样的决定,也才能够有准备、有信心地走下去。

给自己留一条后路,其实就是给自己一条生路。在登山运动中,每一个登山教练在你出发之前都会对你说一句:“登顶,一定不要坚持。”有的人不信这样的话,坚持登顶,结果在稀薄的空气中终结了自己的生命。而那些听了教练的话,没有坚持登顶的人,无疑给自己的生命留了一条后路。当你在进退两难的时候,要果断地选择下山,养精蓄锐之后,你再进行攀登挑战。

在当今这个和平的年代,人生道路上的博弈并不需要非生即死,而是需要为自己留一条后路,即使在自己山穷水尽之时,还能够找到一条生路,另辟蹊径,永登成功之路。其实,不斩断自己的后路,多给自己留一条退路,不是为了退缩,而是为了更加坚定地前行。

年轻人学会给人留面子、留尊严

中国人历来很看重面子,甚至觉得面子比任何东西都重要。俗话说:“人要面子树要皮。”这就需要我们在人际交往中,要明白“面子大过天”的道理。特别是在很多公众场合,你千万不要为了表现自己而置对方面子于不顾。当你让对方当众失掉了面子,他就会因为愤怒而什么事情都会干出来的。同样的道理,当你在人际交往中,也希望对方能够考虑到自己的面子,

而对于对方来说，心里也是怀着同样的想法。因为对于大多数人来说，面子可能比什么都重要。如果当场被对方伤及了面子，使自己下不了台，那就无疑是自己没有被对方看在眼里，那种受伤的感觉就如同被当众打了一耳光一样令人感到羞辱。

一般而言，人与人之间的交往都是建立在互相尊重的基础之上的，这就需要我们在进行语言交流时要照顾到对方的面子。你的一言一行，一举一动，对于他人来说，都是一种交流的工具。他们心里的感受或者想法都是以你所表现出来的行为和所表达的思想而进行变化，也许你的一句赞美会让他露出笑容，也许你的一个动作会让他感觉到敌意。因此，在进行交往中，要选择恰当的言辞，恰当的动作，稍有不慎，就会祸从口出，伤及对方的面子。这不仅仅会使对方陷入尴尬的窘境，也会使你们之间的交流无法继续进行。

小松是公司的销售经理，他工作一直很出色，深得上司的喜爱。但是，有件事却一直藏在小松的心里。他记得很清楚，当他第一天来到公司的时候，是自己的顶头上司直接面试的，当看到如此优秀的小松，上司禁不住高兴地说："你学的是销售学？我儿子也跟你一般大，跟你学的是一样的专业，他现在出国留学了，准备学成后回来替我干销售这块呢。"老板那些隐隐透露出来的信息，小松自然很清楚。

当然，刚开始这些话并没有给小松多大的压力，他只是把自己的本职工作干好。但是，随着小松从一个普通的业务员干到了销售经理这个位置，他就不禁为自己的前途担忧了。如果有一天上司儿子回来了，自己这位置往哪摆呢？他不禁有些苦恼，更不知道当上司跟自己说这些情况的时候，自己该如何来回答。难道直接说"那我辞职吧"，这样自己多年付出的努力岂不是白费了。学销售的小松思考了很久，终于为自己想好了回答，这样既顾及到上司的面子，又能使自己继续留在公司。

所以，当上司儿子回来了，上司找到小松说明情况的时候，小松很快地回答："他回来了，太好了，他来接我，我呢，还是会继续帮他，希望能从他身上学到更多的东西。"上司立即说："你先别这么说，你的能力是大家有目共睹的。这个问题我先和他商量一下再做决定。"

第二天，上司通知小松，他还是继续作他的销售经理，而自己的儿子任经理助理,协助小松做好销售部门的工作。

如果小松直接跟上司说:“好好,那我继续干我这份工作。”这样就会让上司觉得没有照顾到自己的面子,没有为自己着想。而聪明的小松主动提出了解决问题的办法,既照顾了上司的面子,又使自己得以留在了公司。

那么,我们在交往中需要从哪些地方来照顾到对方的面子呢?

1.多一些赞美之言,少一些刺耳的言语

当你在与对方进行言语交流的时候,要多说一些赞美对方的话语,少说一些刺耳的言语。你的赞赏会让对方感觉脸上有光,会让他对你产生一种好感,并且愿意与你建立友好的人际关系。但是,如果你当着对方的面,说一些刺耳的言语,比如直接说出对方的缺点和不足之处,就会让对方觉得心里不好受,甚至有可能恼羞成怒地对你进行有力的回击。

2.考虑到对方的想法

很多人在交际中,习惯自己占据主导地位,不管说什么话还是做什么决定,他就一人做主,完全把对方忽视掉。比如,明明是对方邀请吃饭,他却擅自做主去哪里吃,吃什么。如果是很多人一起聚餐,那么你这样的行为就会让对方感觉你不把他这个主人放在眼里。

总而言之,我们在人际交往中,无论是说话还是做事,你的言行举止都要照顾到他人的面子,考虑到对方心里的想法。尊重是相互的,你尊重他,他自然也会尊重你,并且会顾及到你的面子。

学会表达对方在你心中的重要性

每个人在人际交往中,都渴望自己的价值得到某种肯定,都希望自己能够得到重视。如果你在交际中,让对方感觉他是一个可有可无的角色,他就会感到十分的沮丧,甚至把这种心情带到交往中来。这样就在一定程度上打击了对方的积极性和自信心,也会使你们之间的交流难以进行。任何交流的进行与成功与否,都需要交流的双方或多方积极、主动地坦诚自己的想

法和意见。那么,怎样才能做到呢?最好的办法,就是让对方感觉自己是很重要的,让他感觉他在你心中是有位置的。

很多时候,我们在职场总是听见这样的抱怨声:总是感觉自己很不重要,总是被别人当做可有可无;总是最后一个得到消息,遗憾自己为什么总是被忽略;让干什么,咱就干什么,反正成绩跟自己关系也不大;我们只是辅助者而已,跟着干就是了。员工们之所以产生出"自己并不重要"这样的想法,那就在于管理者没有向他们表示他们自己原来是很重要的。很多卓越的领导者都会明白这样一个道理,所以他们经常用些言语或行动来表明公司里的每一个员工都是很重要的。那么,我们在实际交往中,如何来让对方感觉自己是很重要的呢?你不妨采用下面的办法。

1.记住对方的名字

一般人对自己的姓名比较感兴趣,如果你在初次见面的时候,就把对方的名字记住。然后,在谈话的过程中很自然地叫出来,他便会觉得你是在进行微妙的恭维、赞赏的意味,感觉自己在你心中是极有地位的。反之,如果你忘记了对方的名字,或是叫错了,不但使对方难堪,而且对你自己也是一种损失。

很多人不记得对方的名字,只因为他们认为没有必要下工夫和精力去记别人的名字,如果问他们为什么,他们肯定会为自己找借口,他们会说自己很忙或者说自己比较健忘。其实,记住对方的名字,使对方感觉他在你心中十分重要。这是一种最简单、最明显,而又最有效获得好感的方法。

2.多用"你"而不是"我"

亨利·福特二世曾经说:"一个满嘴'我'的人,一个独占'我'字、随时随地说'我'的人,是一个不受欢迎的人。"我们在人际交往中,如果你总是讲"我"怎么怎么样,并且作过分的强调,就会给人一种完全被忽视的感觉,他根本就感觉不到你对他意见的重视。这会在对方与你之间筑起一道防线,形成障碍,影响别人对你的认同。人们最希望的就是自己能够赢得他人的重视,因此你在谈话过程中应该经常用到"你",可以说"我经常以你为荣呢",或者是"您怎么看?",或者是"麻烦您"。在交际中,最有效的那个字是"你",而次要的才是"我"。因此,让对方感觉自己很重要,你就需要在谈话中少用"我",多用"你"。

3.关心对方

我们不需要怀疑，每个人最关注的就是自己。所以，为了显示出对方的重要性，你可以适当地表现出你的关心。比如，你已经好久没有见到对方了，那么你不妨用比较惊讶、亲热的语气表达出你的问候：“好久没有见你了，干什么去了？”或者是“好久没有见了，真有些想你。”你对对方的关心，会让对方感觉到自己的重要性，原来你会被他的兴趣所吸引，为他的高兴而高兴，为他的担忧而担忧。

有时候，作为交际中占据主导地位的我们，在进行交流的整个过程中，给对方的第一反应，那就是让对方感觉到他在你心中的重要性。也就是说，我们需要通过一些言辞行为来告诉对方自己是很重要的。并且在交流过程中，让他们感觉到自己的重要性，其中包括双方之间的信息沟通。这样一来，对方会感觉到原来他在你心中占据着这样一个重要的位置，他也会因为自己的重要而更加地信赖你。

上司心意：与领导打交道要识趣

在我们的现实工作中，无论你在何处，身居何职，都存在于一种管理与被管理的关系中。每天，我们都间接或直接的与上司打交道。我们通常都很清楚，上司在管理我们，但是我们却不知道上司是如何来有效地管理我们的。很多时候，我们似乎并不了解上司的真正意图，所以，这给我们的工作带来一些阻碍，甚至稍有不慎，就会面临被辞退、炒鱿鱼的危险。那么，作为下属，如何来摸准上司的脉搏，掌控上司的心意呢？那就需要我们在实际工作中，准确领会上司的意图，并按其意图认真办事；学会把荣耀归功于上司，以此换来更多的信任；即便是上司非常器重你，你也要懂得分寸；采用巧妙的方法，把自己的想法变成领导的创意；当你的上司之间发生了争执，自己要站在中立的位置，这样谁也不得罪；你在回绝上司的要求时还需要掌握分寸和技巧。

认真观察，随时掌握上司的意图

我们在现实工作中面对着各种各样的上司，常常会觉得与他们打交道是一件很困难的事情。上司的很多言语行为是我们所摸不透的，他们的很多做法在我们看来也是不知所云。其实，主要的原因就是我们没有准确领会上司的意图，这样就会造成我们的工作有了一些障碍。而对于每一个上司来说，他希望自己的下属能够准确地领会自己的每一句话，甚至自己做一个手势，下属就应该知道该怎么去做。这样的下属无疑是上司最喜欢的，也是最欣赏的。那么，这就需要我们在实际工作中能够从上司的一言一行，一举一动来透析其真实意图，能够准确领会上司的心思，进而有效地开展工作。

那么，如何来准确领会上司的意图，这大部分是看你作为下属的心态问题了。我们在工作中，很多时候并没有真正把上司当作上司看，我们太注重自己的个人感受。所以，我们没有主动去适应上司的工作风格和工作习惯，这样就会使自己处于一个十分被动的地位，自己也会感觉到与上司总是格格不入，水火不容。其实，作为职场中的一员，你就要随时端正好自己的心态，既然他是你的上司，那么无论他的性格有多么古怪，你都不可能去改变他。既然是改变不了的东西，那么最佳的办法就是让自己去适应他。当你开始踏入职场生涯，首先就是需要花点时间去了解上司的工作习惯与作风，准确领会上司的意图，按照上司的想法，对自己的工作方式与习惯作出适当的调整，你就会发现其实与上司相处并不是那么困难。

在我们了解上司的过程中，具体需要从几个方面来准确领会上司的真实意图。首先，你就把自己的上司真正放到上司的位置，而不是瞧不起或不屑的态度；还需要准确判断上司的性格，并且相应地采用不同的对策；沟通是双向的，这就需要你与上司进行有效地沟通，并在沟通中了解上司。

1.端正自己的心态

当我们踏入职场生涯，作为下属就要时刻端正自己的心态，从内心把上司当作上司看。千万不要把自己"初生牛犊不怕虎"的劲头过多地暴露在上司面前，他只会认为你还不够成熟，也会瞧不起你的。即便是你在某方面能力超群或者技术出众，那也不能看不起自己的上司。如果你怀着这样一种心理去与上司打交道，上司就会从你的言行举止中看出你的想法，也会在工作中故意为难你。再说，即便上司并不知晓你的心思，但是你对上司的抵触心理也会给你的工作带来一些负面影响。

因此，如果你已经处于职场，那么就要随时保持对上司的尊重。一般情况下，一个既有能力而又不具备攻击性的下属更容易让上司喜欢，也更容易让上司来接受你的建议和想法。其实，上司与下属之间虽然存在着一种管理与被管理的关系，但是这种关系实际上是相互的。只要你恰当地把握与上司的关系，就会形成一种利益双赢的局面。

2.摸透上司的性格，对症下药

当你面对自己的上司，你并不了解对方的性格，也不知道该怎么去和他相处。其实，每个人都有自己的性格特点，与人相处的最佳法宝就是如何避开对方个性中比较消极的部分，而迎合其个性来表现自己。那么，要想使你与上司的交流更为有效地进行，那就需要首先判断出上司的性格，然后再采取相应的应对措施。

(1)判断出上司的性格。

在你跟你的上司进行正面接触的时候，就需要了解很多关于上司的信息，而最为重要的一点就是上司的性格特征。因为一个人具备什么样的性格特征，那么他在工作中就会把这样一种个性发挥出来，并且会影响到你的工作。比如他的优点和弱点是什么？他喜欢什么样的工作方式？他喜欢怎样获取信息？当发生冲突的时候，他一般采用什么样的方法。如果你没有掌握足够多的信息，当你与上司打交道的时候就会盲目行事，这就难免会出现一些不必要的冲突、误会和问题。

当然，了解上司性格特征的途径很多。当你刚开始接触上司的时候，不要急于拉近你们之间的距离。因为你还不了解上司，这就有可能给你们的

沟通带来一些障碍。你可以通过身边的同事或者上司周围的人证实上司的一些想法，并且在平时工作中寻找各种机会，对上司行为中的蛛丝马迹做细致的观察，这样才能够准确判断出上司的性格特点，进而了解上司的工作习惯与工作作风。

(2)不同性格的上司，采用不同的应对策略。

面对不同性格的上司应有不同的应对策略，这就需要你在平时工作中多观察、多思考。当你摸透上司的性格、喜好之后，再与上司打交道时，就需要对症下药，灵活地采用不同的应对策略。

面对冷静型上司，这样的上司通常具有较强的自我保护意识，因此你在与他接触时不要过于亲近。由于他谨慎的性格特征，使得他在平时都是自己作详细的工作报告记载，并且欣赏一丝不苟的工作作风。因此，你在工作中就要注意培养自己这样的工作风格，尽可能把你交给他的工作计划写得越详细越好。另外，还要多注意自己的言行举止、穿着打扮，这些方面都要严谨，才会得到他的欣赏。

面对豪爽型上司，这类上司性格外向，因此大多不注重表面形式而更看重你的实际能力。他很欣赏办事认真、细致的下属，对那些不拘小节的下属他也不会反感。但是，面对这样的上司，需要真诚坦然的态度，千万不要背着他搞小动作，或者是当面顶撞他，这都是必须避免的。

面对懦弱型上司，这类性格的上司没有主见，说话做事容易朝令夕改，面对任何事情都优柔寡断。因此，当你给他一些好的想法和建议的时候，他有可能会接受，也有可能接受之后又拒绝。所以，当你真的有一些好的想法和建议的时候，让与你持同样观点的同事一起进言，支持你的想法和建议。

面对苛求型上司，这类上司总是喜欢“鸡蛋里面挑骨头”，无论你的工作做得多么完美，他都会进行百般挑剔。面对这样的上司，当他在数落你的时候，需要端正自己良好的心态，不要太介意他的批评，也许挑剔就是他习惯的一部分。

(3)与上司进行有效地沟通。

实际上，了解上司的最佳办法就是进行有效地沟通。沟通是双向的，这就需要建立在互相尊重的基础之上。只有在你的上司面前表现出足够的尊重，才会换来上司对你的尊重，进而才能进行有效的沟通。在与上司进行沟通的时候，你要学会察言观色，仔细观察上司的言行举止，那些细微的举动就很有可能隐含着对方的真实意图。

除此之外，在与上司进行沟通的时候，需要避免自己先入为主的观念。可能你在与上司正式接触之前，通过同事或其他渠道了解到上司的一些性格特征和行为习惯。而他所具备的那些特征正是你认同的地方或者是比较讨厌的，其实，无论别人是怎么评价上司的，你都不要让那些信息来干扰自己的思路。而你需要更直接、更全面地对上司进行了解，做好一个下属的本职工作，你就会发现与上司相处其实是一件很容易的事情。

别去奉承，领导都喜欢让功的下属

很多时候，我们在职场总是听到这样的声音：为什么我这么优秀的能力，却得不到上司的器重呢？俗话说："千里马需要伯乐。"在工作中，每个人都希望自己的上司能够成为自己的伯乐，成为自己职场发展的贵人。事实上，千里马与伯乐的关系是相对的，千里马需要伯乐，伯乐更需要千里马。而在工作中，上司与下属之间的关系实际上是一种利益双赢的关系。换句话说，你要想上司成为你职场发展的贵人，那么首先，你就要成为上司的贵人，通过你的能力和贡献为上司谋取利益。在这样的基础之上，上司才会意识到你的重要性而成为你的贵人，并且为你的职场发展铺平道路。

那么，你在实际工作中，如何有效地把自己的功劳归功于上司，赢得上司的信任呢？这就需要掌握一些技巧与方法，因为并不是所有的上司都是心胸宽广之人，他们有可能只是利用你来使自己登向成功的宝座。所以，你也要随时提防你的上司，确保自己的安全性。

1.在工作报告上署上上司和你的名字

当你完成了一件工作，需要拟写一个工作报告并上交给上级领导。其实，在拟写工作报告的过程中，你就可以巧妙地把自己的功劳归功于上司。

你不妨把上司和你的名字一起署在上面，当然，这里也要讲究技巧，那就是把上司的名字写在前面而自己的名字紧跟其后。这样既照顾了上司的面子，又给上司的感觉就是自己的功劳。这样一种做法可以利用上司因为独占功劳而对你产生一种愧疚感，无形之中就加大了自己在上司心中的地位。而且你还可以借助上司的交际范围，赢得一些接触公司高层的机会，并且利用和公司高层直接对话的机会多提对公司发展有价值的建议，从而为自己创造发展的机遇。

小华在一家刚成立的咨询公司做大客户营销，他是个刚刚踏出校门的小伙子，有一种“初生牛犊不怕虎”的劲头。来到公司上班仅仅三个月，就被提升为上司的得力助手，成为上司最器重的员工。小华在职场上的成功并不仅仅靠自己的能力，更重要的是他懂得如何与上司相处。

有一次，当他到老板那里递送一份工作报告，他就灵机一动同时署上了上司和自己的名字。这样一来，小华经过辛辛苦苦做成的客户，就变成了上司的业绩。而自己的顶头上司就凭着骄人的工作业绩被提升为客户总监，小华听公司的同事说，在小华进公司前，上司的业绩平平，而当自己进来以后，业绩突飞猛进。因此，当上司被提升为客户总监时，他也没有忘记小华，小华马上从一位普通的员工上升为营销经理。

小华发现只要把自己的功劳归功于上司，既能为上司谋取利益，也能使自己在职场中平步青云，这又何乐而不为呢？

其实，当以你上司的名义和你的名义报告给上级领导，自然是上司更能引起领导的关注和重视。当你有了一些好的建议或者想法，你就可以借助于上司的渠道报告上去，既为上司赢得了荣誉，也证明了自己的价值。而当上司因为你的功劳而飞黄腾达的时候，他也会牢记你的功劳，帮助你提升职位，并把你作为他的得力干将，以便以后还能有这样的机会助他一臂之力。

2.主动为上司分担工作

作为一位上司，他每天所面临的工作纷繁复杂，比如一些比较棘手的项目、繁杂的工作报告。那么，在这关键时刻，你不妨主动提出为上司分担一部分工作，在你工作之余，给他拟写一个可行性的项目报告，及时送进他办公室。那些对于上司来说很头痛的工作任务，你就主动请缨，并且力争圆满完成工作任务,上司坐享荣誉。而自己又不需要去抢上司的功劳,总是把自己的成绩归功于上司,这样就会赢得上司的青睐。时间长了,上司就会日渐感到你的重要性,甚至把你当成他的左膀右臂,那么随着上司的高升、嘉奖、晋升,自然也少不了你的一份。

这样的方法自然是个绝对的好办法,上司面对强大的工作压力,也需要向下属“借力”。如果你能在上司开口之前,主动提出为其分担一部分工作,那么有了你这样一个得力助手,一定会为他省力不少。而你自己也能凭着上司对自己的信任、器重,更好地发展自己的职场生涯。

3.为自己留一个筹码

当然,并不是每一个领导都是心胸开阔的人,他们有可能是极端自私自利的人。因为,当你把自己的功劳和荣耀归功于上司的时候,对你而言,是作出了一定的牺牲,可对上司而言,很多时候仅仅是锦上添花。当你没有了一定的价值,你的上司就可能很快把你忘记了,忘记了你所作出的贡献,他们有时候为了掩盖自己的无能或者自己恶劣的行为,甚至会要计策把你开除或者逼迫你辞职。因此,在你把自己的功劳归为上司的同时,也要为自己留一个筹码,加大自己在上司心中的价值,让上司和你成为一条线上的共同奋斗者。

也许,很多人认为只要认真工作,那就是为上司谋得利益,其实,并不是这样简单。上司是一个管理者,是措施的决定者,而下属是工作的执行者,这样的一种关系就使得很多工作都是由下属去完成,而上司只是起了监督、协调的作用。因此,当你成功地完成一件工作的时候,上司就会对你大加赞赏,这时候你不妨巧妙地把自己的荣耀归功于自己的上司。卓越的上司会把功劳归功于自己的下属,那么聪明的下属也应该把荣耀归功于自己的上司。当上司顶着耀眼光环,面对上级领导的赞扬时,他也不会忘记了你的功劳。因此,他会更加地信任你、器重你,他希望你为他谋取更多的利益,而你希望他为你的职场发展铺平道路。这样一种双赢的利益关系,也会使你们之间的沟通更加顺畅。

职场春风得意，也要懂进退

对于每一个下属来说，都极力地渴望自己能够得到上司的恩宠，得到上司的赏识。因为，这不仅仅是出于能够获得职场生涯的成功，更为重要的是获得一种心理满足感，一种精神上的慰藉感。当一位下属得到了上司的恩宠，那就意味着从此你的身份就与其他同事不一样了。你与上司的关系比其他任何人都亲密，你的想法和意见也更容易得到上司的青睐，你还可以借助上司的渠道认识更多的高层人士，也可以跟随着上司出入各种酒会、聚会，甚至很多时候，上司还会授权于你去办事情。无疑，只要获得了上司的恩宠，你的身份就大不一样了。但是，有很多自鸣得意的人在受到上司恩宠时不懂得把握分寸，结果很快就让上司生厌，让同事谩骂，最终的结果只落得个“过街老鼠，人人喊打”的下场。因此，即便是你受到上司的器重，受到上司的恩宠，也要注意自己的言行举止，把握好分寸，才能使自己持续受宠。

自古以来，就有很多人受到主子的恩宠而小人得志，干出一些贪赃枉法的事情来。比如，和珅之所以能够成为历史上有名的贪官，那就是仗着乾隆的恩宠而无法无天，最终他在历史上臭名昭著，甚至于他的名字就成为贪官的代名词。因此，在我们现实生活中，许多人因为各种各样的原因而得到上司的器重。不管你是能力出众，还是因为会说话讨上司喜欢，当你受宠时都一定要注意分寸，这包括说话、做事以及各种行为。因为，上司对你宠爱有加，对你很器重，这就表明你的言行举止在某种程度上代表了上司的旨意。稍有不慎，你就会因为自己鲁莽的行为给上司带来一些麻烦，让上司在领导面前失了面子。所以，要想把握好自己言行举止的分寸，那就需要从下面几个方面做起。

1.切忌自鸣得意

很多下属在得到上司的恩宠时，就会得意起来。因为之前长时间地处于一个普通的职员位置,突然变得身份不一样了,那种狂喜无疑就是“飞上枝头变凤凰了”。所以,不自觉地在他们的言行举止中就透露出来。他们会禁不住兴奋到处宣扬自己的得意,在同事面前、在朋友面前,甚至在上司面前,这种兴奋的情绪溢于言表。其实,你的自鸣得意只会让同事对你更加的愤恨和不满,而上司也会觉得你缺乏一种冷静的心态,他甚至可能会因此而逐渐疏远你。所以,当你受宠时更需要保持冷静谨慎的态度,注意好自己的一言一行,无论是在同事面前,还是在上司面前,都要谦虚谨慎,千万不要自鸣得意,让他人抓住你的把柄。

2.切忌狐假虎威

有的下属一旦当上了上司的得力助手,就开始狐假虎威,仗着上司的势力到处欺负人。他们可能在平时工作中与某位同事有了矛盾,以前大家都是一样的普通员工,即使想报复,也由于没有权势而作罢。现在自己有“地位”了,做任何事情都有上司的支持,于是他们就会利用与上司亲近的关系,背后说对方的坏话,或在上司面前使计策调换其工作。也许,当你在借助上司的权力进行私人报复的时候,上司并不知情,而一旦他掌握了一些信息,那么,他对你建立起来的信任就会土崩瓦解,你也会失去受恩宠的位置。

3.切忌滥用职权

当你有了与众不同的身份,手上也开始掌握了一些权力,甚至可以独立办一些事情了。其实,即便是你坐到了市长秘书的位置,也千万不要滥用职权。一方面,事情总有暴露的一天,到时候即便是你的上司也帮不了你;另一方面,你是上司器重的员工,上司对你的所作所为需要负一定的责任,一旦你出了什么纰漏,上司也会因为担负一定的责任而对你怀恨在心,你也不要指望能够再有一天翻身了。

其实,在职场中越是受器重的下属,心里越是谨慎。这是因为“伴君如伴虎”,你的言行举止都被上司看在眼里,记在心里。如果你能够时刻注意自己说话的分寸,行为的合适,举止的恰当,那么你就有可能长久地受到上司的恩宠。

善于将自己的想法和创意转让给上司

很多员工都碰到过这样的情况，当你向上司提出某种想法和建议的时候，却不能够得到上司的采纳，甚至还有可能处于被上司冷落的局面。其实，造成这样的情况并不是由于你所提出的建议和想法没有可行性，也并不是上司有多么的平庸无能，而是在于你向上司进言的方式不对，很多时候你直接地向上司提出一些意见，会让他难以接受。毕竟上司位居权威的位置，他的威信不允许他轻易受任何人的摆布和差遣。若你直截了当地提出意见，反而会让他感觉到一种不被尊重的感觉。因此，当你需要向上司提出自己的想法时，不妨灵活地采用各种技巧，把你自己的想法变成上司的创意。

其实，在很多时候，上司之所以不接受你的建议，不是因为他不讲道理、不近人情。对于很多上司来说，尽管他在心里已经承认了你的建议，但是他口上也不会说出来。因此，我们在向上司进言的时候，要特别考虑到上司的角度，灵活运用各种方法，或是顺势引导，或是以退为进，或是站在上司的角度，并且你在进言时需要避开上司的忌讳。这样，才能够把自己的想法变成上司的创意，使上司在不知不觉中接受你的建议。

1.顺势引导

上司也并不是绝对正确的人，由于各方面的因素影响，使得上司在作决策时有可能存在着一种偏差或错误。作为下属，千万不要因为上司出了错误就幸灾乐祸，甚至当场指出其不足之处，这样只会使上司陷入极端尴尬的局面。如果遇到心胸狭窄的上司，他还会恼羞成怒，伺机对你进行报复。而你可以采取顺势引导的办法，比如，当你发现你的上司在管理上还是运用的旧思想，也不重视选拔、培养人才，什么事情都事必躬亲，使公司运转效率下降，那么，你不妨鼓动上司参加 MBA 学习，接受国内外的先进管理制度，一起讨论公司现在运转中遇到的问题。到时候，就会使上司改变自己的管理模式，促进工作的有效开展。

每一个上司都不是十全十美的人，他们在一些能力、认知方面也会有一些偏差，所以在他们的工作中也会出现一些失当的决定。而你作为一名下属，就需要去发现这些问题，进而有效地解决问题。当然，你为上司指出一些问题所在，是需要讲究一定的方法和技巧的，寻找一个合适的机会委婉地提出来。这样上司才会欣赏你的决策，进而对你信任有加。

2.以退为进

有时候，当你辛辛苦苦地拟好了一套工作计划，却得不到上司的赞同。那么，这时候就要避免自己固执己见，你可以采用以退为进的方法来使上司接受你的方案。当上司开始谈他自己的想法的时候，你不妨认真倾听，并且表示赞同，然后在具体讨论的时候，你可以在他提出的方案中渗透自己的意见，这样上司就会逐渐被你的方案所影响，你再进一步做详细的解释，巧妙地游说，让上司同意你的方案。

在很多情况下，如果上司不同意你的意见，千万不要固执己见，那样只会让上司更加坚持自己的看法。你可以适当作出让步，先对他的意见表示赞同，再巧妙地把自己的观点纳入讨论之中，这样更容易让上司接受你的观点。其实，当双方遇到意见分歧的时候，既不能硬拼，那样只会加重矛盾的冲突；也不能一味地迎合上司的需要，丧失了自己的立场和利益。而最恰当的办法之一，就是以退为进，采用迂回的办法来使对方同意自己的观点。

3.站在上司的角度

其实，很多时候，上司与你之所以存在着意见分歧，那是因为你们在工作上的习惯和风格不一样。这就导致了你们思考问题的方式不一样，进而有着不一致的想法。这时候，你就需要站在上司的角度，了解上司是采用什么样的思考方法，进而再对自己的思路进行调整，以求在表面形式上与上司的想法接近。当你作出了这些改变之后，上司也就更容易了解你的想法和意见。

总而言之，下属在与上司进行思想交流的时候，不能盲目地一味迎合，也不能固执己见、硬拼，而是需要掌握合适的方法和技巧。无论你采用哪种方式，都要考虑到上司的面子和威严，考虑到上司的想法，这样才更容易让

上司接受你的意见和想法。

领导相争,学会中立

有时候,公司内部各部门之间出现了利益之争,或者是意见上的分歧,于是两个部门的领导就开始处于一个敌对的局面。这时候,作为下属的你,千万不要牵扯其中,即便是把自己牵扯进去了,也要保持中立的态度,谁也不得罪。

王先生是一家电器公司的业务部经理,他刚到公司才一个月,前不久由于业务方面的关系与销售部的经理发生了争执。争执的原因主要是因为王先生针对业务部出现的问题,做了很多政策上的改变,这一改动影响到销售部门的工作进行,因此销售部门经理直接找上门来说理。为这事,两个部门经理见面都不怎么说话,而他们的下属之间也是互不理睬,有的还恶意中伤对方部门的员工。

小李和小黄是销售部的员工,他们对王先生制定的业务部新政策大为恼火,因为之前由于业务部出现的问题现象,他们还能够拉来不少客户,工作也显得有成绩。可是,当业务部把与客户之间各个环节、关系都做了一些调整后,很多客户就不愿继续合作了。因此,他们对王先生怀恨在心,还有一大部分原因就是想为自己的上司争口气。刚开始的时候,他们在部门内部造谣,后来,他们看王经理没有理睬,居然联名写了一封投诉信并通过邮件的方式直接发给总部领导,他们在投诉信中罗列了王先生的很多罪状。

于是,总部领导派出调查组对整件事情进行调查,结果发现投诉信里很多部分都是杜撰的。因此,小李和小黄得到了相应的处分。他们还想请求自己的上司帮忙说说话,因为毕竟自己也是为了给上司出口气,结果上司对他们置之不理,还表示:自己做错的事情,一定要负责到底。

小李和小黄是销售部的员工,根本就没有理由去投诉业务部的经理。即便是对方在工作调整中,给自己的工作带来一些影响,也只能是向自己的上司进行反映,而不是为了想替自己的上司出气就恶意中伤对方。其实,并没有谁逼迫他们牵扯进这件事中,而是他们自己要蹚这浑水,所以为自己的行为付出了代价。

其实,不管是自己上司、领导与其他人发生了争执,还是其他部门之间的领导出现了利益纠纷。你都需要保持中立的态度,不要偏袒任何一方,不要说任何一方的坏话或者采取类似的行为。因为你的身份仅仅是一位普通员工,你的言语和行为并不能影响到他们,也不能解决双方之间的矛盾问题。所以,最佳的办法就是置之不理,置身事外,谁也不得罪。

1.不要背后说领导的坏话

不管领导在工作和决策中出现了什么样的失误,导致了与其他部门领导发生冲突,都不要在背后说领导的坏话。也不要说其他部门领导的坏话,企图以辟谣的方式为自己部门领导争口气。这都是极为愚蠢的做法,也许一时的议论和诋毁会满足你一时的情绪,或者发泄了自己的不满情绪,但是随之而来的就是会削减你的人生价值,甚至有可能使你的职场生涯中断。

2.不要随便抱怨或建议

当自己的领导与其他部门的领导发生了矛盾,你千万不要在领导面前抱怨敌对者这里不是,那里不是,也不要随便建议如何来使敌对者彻底失败。其实,你这样看似有意或无意的建议、抱怨,都会成为催化剂,加剧矛盾双方的冲突,使问题变得更加严重。实际上,领导在面对一些情况的时候,他们往往有自己的判断标准,有自己解决问题的一套方法,而不需要你用一些不相干的信息来干扰领导的判断以及决策。

总而言之,当领导之间出现争执的时候,切忌添油加醋、火上浇油,或者是随意挑拨领导之间的关系。其实,你自己只需要站在中间,这样对于双方及时解决问题会有一个较为缓和、轻松的时间和空间。

拒绝上司有难度,分寸和技巧最重要

俗话说:“人非圣贤,孰能无过。”在很多时候,上司也会出现各种各样的失误或者错误,而当他所犯的错误与你的利益相关时,你更要懂得用自己的

方式进行回绝。当然,不同的人,所选择的回绝方式也会不一样,这也就造成了不同的结果。但是,不管你所选择的是哪种回绝的方式,都要掌握好分寸和技巧,稍有不慎你就有可能犯了职场大忌。

一般而言,你的回绝方式既是对上司的一种答复,也是对自己的一种表现。这就需要你掌握一些回绝的技巧和回绝的忌讳,这样才能使自己在回绝之中处于主导位置。虽然,你的职场生涯中,是有权力说“不”的,但是你也要有说“不”的能力。这就需要你所选择的回绝理由必须是客观的,所说的言辞要委婉,还需要自己有一定的实力。除此之外,你还应该避开一些雷区,比如动不动就以辞职威胁,这样都是极为不妥的。下面我们就作一简单的介绍。

1.回绝的原则

如何来拒绝上司的要求,也是需要遵循一定原则的。只有把握好了这些原则问题,才能够使自己在回绝上司的时候,居于主导位置。

(1)理由的客观性。

首先,你回绝上司时所说的理由必须是客观的,只有说出自己拒绝的客观理由,上司才有可能接受。比如,在工作中针对上司提出的不合理的要求,你可以进行委婉地拒绝;当上司要求你去做一些违背良心的事情,你也可以回绝。但是,如果仅仅是正常加班之类的问题,那么你就要学会忍让,毕竟对于公司来说,加班就是无可厚非的事情。

其次,你回绝上司的要求,并不是基于主观原因,不掺杂个人情感,而是为了更好的工作。对上司进行拒绝,需要说明并不是从个人角度出发,而是为了把自己的分内工作做好。这样的理由才更容易被上司所接受。

(2)言辞要委婉。

对每一位上司来说,需要管理的是整个公司,并不只是某一个人,保持自己的权威性对他来说十分重要。这就需要你在回绝时要特别注意自己的言辞,选择一个合适的场合,用友好的语调与其交谈,这能让上司感觉到你的尊重,感觉到你是在为他维护权威和形象,他就会觉得你是一个善解人意的员工,也会对你产生一种好感。千万不要用一些直接的语气跟上司说话,这样只会造成争吵,而通常争吵的结果都是自己被迫降职、走人或者从此就没有好日子过了。

(3)要有拒绝的能力。

当上司极力要求你去干某件你不愿意干的事情，于是你决定向上司辞职，那么你需要有回绝的能力。比如，当你辞职后找不到新的工作怎么办？自己才出校门的第一份工作就这么丢了，以后怎么办？自己的能力并不是很优秀，找一份工作也不简单。因此，当你决定对上司说不的时候，你要为自己留条后路，确保自己即便是与上司闹得很不愉快，自己还有另外的地方可以去。否则，就会使自己在回绝后追悔莫及。

2.回绝的雷区

当你对上司进行回绝的时候，还需要避开一些雷区。那些雷区都是上司极为敏感的部分，稍有不慎，你触碰了那些需要忌讳的地方，就会使自己陷入无法挽回的局面。

(1)越级报告。

当你对上级的某些方面很不满，但是又无法与上级统一想法，很多人就选择越级报告上级领导。其实，这是职场中的大忌，其结果基本上都是以失败而告终。你的上级领导只是你的间接上司，他并不了解整件事情的经过。而且在很多时候，他宁愿相信自己的直系下属的话，而不愿来相信你的那套说辞。

(2)轻视的心态。

即便是你回绝上司，也要确保自己的态度恭敬。当你对上司说“不”的时候，已经让上司感到不悦了，若你再在态度上对他轻视，那无疑是火上浇油。他会感觉你让他失去了面子，进而对你产生仇视心理，你这就为自己的职场发展带来了不必要的麻烦。因此，你绝不能轻视上司，需要怀着一种恭敬的态度，给予对方足够的尊重。

(3)散播抱怨情绪。

即使上司对你有什么苛刻的要求，那也是为了工作能够有效地开展，而你千万不要向同事抱怨上司的不是。因为你不能忽视了舆论的强大力量，你的一些小抱怨，可能经过无数人的传播，最后到达上司那里已经面目全非。这无疑是间接地激化了你与上司的矛盾，上司对于你这种背后说坏话

的人也不会有多大的信任，进而给自己的工作带来一些负面影响。

(4)以辞职为要挟。

当很多下属面对请求加薪、晋升不成时，就以辞职为要挟，这样的回绝态度会让上司无法接受。即便是你很优秀，有着卓越的能力，公司可能暂时会因为少不了你跟你进行交易，但是他们也会寻找能够替代你的人。因为，像你那种动不动就说辞职的人，他们不希望继续重用下去，到时候你只会让自己的要挟成为现实。

同事关系：在职场如何赢得众人支持

在我们的工作时间、工作过程中，同事是我们彼此交往、互相接触最多的人，这就造成我们很难定位同事的位置，他有可能是朋友，有可能是竞争对手，有可能是敌人。这就需要我们在与同事相处的时候，把握好彼此之间的关系，既不过分疏离，也不过分亲密。如果你与同事之间过分疏离，就会造成与同事之间的距离和生疏，这也不利于你平时工作的开展；如果你与同事之间过分亲密，就会因为彼此之间的利益联系而容易使自己的隐私泄露出去，使自己处于不利的境地。因此，你在与同事相处的时候，一定要把握好一个度，需要在疏离与亲密之间保持一份若即若离的关系。

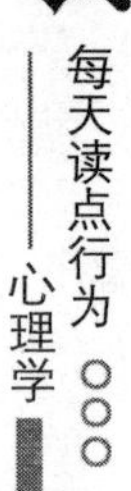

与同事打交道，距离很重要

人与人之间的交往，其实都是建立在功利性原则的基础之上的。尤其是与我们存在着利益关系的同事，有时候，很多同事为了获取你身上的更多有价值的东西就会对你做一些表面的示好，或者故意与你保持一种亲密的关系。当你发现在办公室有这样的同事时，千万要与之保持距离。

在人与人之间的交往关系中，其实是本着一个互利的原则。说到底，人们之间的交往都是为了满足自己心理的需求。基于这样的原因，一些处于我们身边的同事，他们在任何时候结交任何朋友，都有同样的出发点，那就是为了某种功利性目的，而并不是出于真诚的交往。所以，如果仅仅是对方想从你身上得到什么有价值的信息，那么你就不妨与对方保持距离。

小丽是办公室公认的最擅长交际的人，她能言善辩，那张小嘴就像是吃了蜜一样，会时常蹦出一些甜言蜜语，让你心甘情愿醉倒在她的赞美之中。她刚进公司的时候，大家都当她是“活宝”，经常一起谈天说地，嘻嘻哈哈。可时间长了，大家就从其行为看出了端倪。她总是对那些依靠关系进公司的新员工格外亲切，并且与他们保持一种极为密切的关系。如果对方只是资历平平，没有显赫家庭背景的人，她则表示出一种疏离态度，有时候还公开拿那些沉默寡言的同事开涮、寻开心。

最近，公司又来了一名新员工，办公室的同事都传言说她是总经理的妹妹。小丽对此半信半疑，因为她看见那位新员工的打扮，并不像显赫家庭的人，而更像是从农村里来的姑娘。但是，她还是对新来的同事很亲切，新同事来的第二天，她们就如同亲姐妹一样形影不离了。而且，小丽作为老员工，对很多工作上的事情也细细地讲给新同事听。除此之外，她也在与新同事的相处过程中，旁敲侧击地想探测出她与上司到底是什么关系。新员工满怀感激地对小丽说：“我才来到公司，你就对我这么好，真是谢谢你，你是我最值得信赖的朋友。"小丽微笑着说："既然我是你最值得信赖的朋友，你的一些事情就不应该对我有所隐瞒，最近公司的人都说你是总经理的妹妹呢，这是真的吗？"新同事有点诧异："总经理的妹妹？不是啊。我家在农村，今年大学刚毕业，才进你们这家公司上班的，我连总经理是什么样子都不知道呢，怎么会是他的妹妹。"小丽一听，不禁有些愕然，之后她就慢慢疏远了那位新同事，还总是一种瞧不起的态度。

像小丽一样企图依靠巴结上级的亲属来使自己的职场得到发展，并以此为依据来处理办公室的人际关系，这就是带着一种功利性目的的同事。当我们的身边有这样的人时，要避开他们，以免自己被他们所利用。

一般而言，那些带着某种功利性与你交往的同事，他并不是出于一种真心，而是别有所图，他们希望通过你来接近某个人，或者是想了解一些你的工作信息，或者是想依靠你得到职场生涯的发展。总而言之，他们有着不可告人的目的，是想通过与你交往来达到这样的目的。他们的行为表现出来的一般都是过分热情地接近你，会给你一些小恩小惠，说一些甜言蜜语，企图获得你的好感。面对这样的人，就要避而远之，与他保持一定的距离，他就不会达到自己的目的了。

面对争功的同事，年轻人别唯唯诺诺

在我们的身边，总是存在着一些想"坐收渔翁之利"的人。当你花了两天时间写出一个企划案，或者自己勤奋工作为公司赢得了很大的荣誉时，对方却想把这份功劳占为己有。这样的一类人就是我们在职场上经常遇到的"争功"的人，他有可能会是我们亲近的同事，基于某种嫉妒心；他也有可能是我们的竞争对手，基于某种虚荣心。其实，不管那些与我们"争功"的人是出于一种什么心理，我们都需要去正面应对，不能随他而去，这样无疑是在他面前失去了立场，以后他可能还会继续争夺你的功劳。

当我们在面对争功的同事时，自然会产生一种愤愤不平的情绪，甚至会

气急败坏。其实,在这种情况下,任何负面的情绪都解决不了问题,而是应该去积极地正面应对。怎么来解决这样的问题?如何拿回属于自己的功劳?那才是我们值得思考的问题。下面我们简单地介绍几种方法,或许对你会有所帮助。

1. 先赞赏争功者,再重申功劳是自己的

当面对争功者,你不妨先巧妙地赞赏一下对方,你可以再一次对抢你功劳的同事的能力和想法进行赞赏,让他有一种处于飘飘然的境地。然后,你再不失时机地提出:“想起我们当初一起决定这个企划案计划的时候,你的见解就是独一无二的,我总是佩服你,对任何事情,你都有你自己独到的看法。”那么,对方在面对你的夸奖,也会客气地说:“其实也有你的一份功劳。”其实,我们在与对方进行语言交流的时候,要着眼于事情的积极一面,也许你的同事也是为了把工作做得更好,而并不是故意想把功劳占为己有。如果你觉得这个方法比较适合运用时,就需要及时地采取行动。应该在上司还不知道具体情况下就把属于自己的功劳争取过来,如果等到对方已经把你的想法散布出去,并开始具体实施的时候,那么就会增加一定的难度。

2.用书面报告报告上司,同时向你同事发短信

面对争功的同事,你完全可以争取回自己的那份功劳。为了向上级领导澄清事情的真相,你可以写一份书面报告递给上司,同时也向与你争功的同事发一封短信。当然,你在写给上司的书面报告中,绝不能有任何的负面影响,你只是把事情的真相原原本本地叙述出来,切忌为了报复对方而杜撰出一些破坏对方形象的事情来。而你在给同事的短信中,也不要让对方有任何不快的情绪。你发短信的目的就是为了委婉地提醒一下对方,那个想法是自己当初随便提出的,没有想到你却能够灵活地运用,居然得到了上司的重用。你可以在短信的交流中,说清楚一些有关你们之间谈论计划的日期、标题,这样可以更为有效地让对方回忆起当时的情况。

如果到最后对方还是没有想起来,或者故意给你支支吾吾,那么你可以建议进行一次面对面的交流。这样可以再有一次机会含蓄地强调一下自己的意思,那就是“那个主意是自己想出来的,功劳自然不会完全属于你”。假如对方真的是把你的功劳忘记了,想把功劳归属于自己,而上司又不了解真

相,那么这个方法一定能为你争回功劳起一定的作用。

3.以退为进,退出争夺之战

如果你继续与对方争夺下去,无疑会付出大量的精力和时间,而且还会使自己疲惫不堪,甚至还会让你们的上司生气。他会觉得你们是在作无谓之争,希望你们把自己的时间投入到更加实际的工作中。在这样的情况下,你选择退出争夺之战显然是明智之举,也是最佳办法。你就不妨让对方暂时得了这个功劳,等到关键的时刻,再拿出自己的真才实学与对方一较高下,到时候,上司就会知道谁的能力更优秀,而谁又只会抢夺他人的功劳。因为,在任何时候,时间会为你证明一切的。

城府深的同事,远离是明智之选

在我们身边的同事中,存在着这样一类人:他很细心,对任何事情都能观察入微,做事也是滴水不漏,平时说话好像很能左右逢源,总能在两个敌人间互不得罪,为人低调谦虚,但他的交际能力却非常强,口才也很好,思路很快,总是能避免正面冲突。即便是新来的员工中,他也总能很快分清形势,迅速交到非常多的朋友。他们平时善于伪装自己,见到别人总对别人友好的微笑。其实,这一类型的人是城府相当深的人。他们总是不动声色,有计划、有目的得到自己想要的,有时候甚至为了达到某种目的而忍受一些别人不堪忍受的待遇。如果你身边有这样的同事,需要小心提防他们,不要与他们过于亲近,以免自己成为他们所利用的对象。

一般而言,如果你与城府深的人打交道,即便是与他认识了很多年,你也不能完全地摸透他,看透他的心思,你会觉得他是一个非常厉害,极难对付的人。三国时期的司马懿就是一个有着极深城府的人,他在面对曹氏亲贵的谩骂、侮辱都以微笑而待之,甘愿顶着一个没有任何实权的官衔。但是,他对于所想达到的目的,则是手段极其铁腕,非常残酷,他有着非比寻常的野心,并且为了坐上皇位,居然整整谋划了十多年。我们既佩服他的毅力、耐力,又对他的残酷行为感到恐惧。因此,对那种有着极深城府的人不宜深交,只需要保持一种和谐的关系即可。

王伟是公司总经理的秘书,他大概三十来岁,但是却在总经理身边工作了十年了。他有非常卓越的办事能力,总是把那些纷乱复杂的事情处理得恰到好处,因此,深得老总的赏识。他平时总是面带笑容,无论是说话做事都小心翼翼,所以他在公司几乎没有什么敌人,总是把那种关系维持在既不疏离也不亲近的状态。他为人低调也很谦虚,对于公司同事有什么需要帮助的,他也会义不容辞地伸出援助之手,所以很多同事虽然与他没有深入交往,但对他印象都不错。其实,老总的脾气很差,总是在出了事情之后就对他骂开了,但是他特别能忍。

有一次,王伟陪着老总一起会见客户,由于当时王伟拟写合同时的一个小疏忽,使得对方在签约时拒签。老总立即就当着客户的面骂开了:“你怎么搞的？这么点小事都做不好？你白跟了我这么多年了。”王伟立即赔上笑脸,并对在座的客户进行言语上的安抚,表示自己马上重新拟写新的合约书。客户看见王伟的态度比较真诚,就答应了下来。

这事过后,很多同事对王伟的忍耐力是相当的佩服,另一方面也让大家觉得他这个人的可怕。终于,到年底公司查账的时候,总部派来的调查员查出了公司出现大的财务问题,经过仔细的调查,发现老总挪用了大量的公款。老总当即被停职调查,而新的代理总经理就是王伟。

王伟无疑是一位城府极深的人,他能够以卓越的工作能力得到上司的赏识,并且还有常人难以具备的隐忍,这都足以成为他在职场最终获得成功的条件。其实,我们并不能判定城府深的人是好是坏,他们只是善于隐藏自己,而且都是人际交往中的高手。但是,我们在面对这样的人的时候,不得不多一点儿提防之心,毕竟他们都是工于心计的人,保不准自己就被算计进他们的计划里去了。

那么,如何来与城府较深的人进行交往呢？

1.不要与之为敌

无论你有多么不喜欢城府深的人,也千万不要与之为敌,因为有一个城府较深、工于心计的敌人,对谁来说都是一种灾难。当司马懿最终登上了皇帝的宝座,那些以前与他为敌的人无疑都没有一个好下场的。即便是你对其说了什么刺耳的话,或是做了什么让对方受伤害的事情,也许他永远都是那副笑脸相迎。但是,你千万不要忽略了他笑脸后面那颗冷酷的心,他们是那种不达目的誓不罢休的人,也是有着隐隐恨意的人。当有一天,他摆脱了自己所面临的境地,登上了成功的宝座,他就会再来跟你算细账,这无疑是为自己带来了灭顶之灾。

2.看清自己

如果你无法摸透对方的心理,了解对方的想法,那么至少你要先看清自己。你希望得到什么,你可以付出什么。只有这样,你才能清楚地了解自身的价值,并且清楚自己需要承担的成本。在很多情况下,城府深的人往往不会让别人看出他的想法,但不管怎么样,知己才能更好地知彼,有时候,看清楚自己并不是一件坏事。

当然,人与人之间交往是需要一定的心理距离的,那就需要你在交往中可能会掩饰自己的一些东西。但是,如果你伪装过深就会让人感觉不好相处,因此,我们自己也不需要去伪装出城府深的样子,这不利于自己的人际交往。而对于那些城府较深的同事,则能躲就躲,敬而远之,因为你永远不知道他的下一步是什么。

年轻人要小心那些虚伪的同事

在我们身边有着很多虚伪的同事,他们常常表面对你表示出友好的态度,但是背后却说我们的坏话,或者使计策陷害我们。当我们与这样的人进行相处的时候,一定要格外小心,以免被他骗了。当然,在我们的工作中,什么样的人都能遇到,但只要不伤害到自己的利益,那么与其相处还是可以的,因为毕竟每个人除了缺点还有优点。但是,如果有可能,还是尽量少与那些虚伪的同事打交道。

小丁是一家公司的普通职员,这些天她心情很不好,因为自己的主管是一位喜欢对下属指手画脚的人,他希望所有的事情都要按照自己的方法进行。这让小丁感觉自己就是一个牵线木偶,直接被人操纵。

当时,小丁与主管的秘书关系还算不错,有一次吃饭两人聊得不错。小丁就以为遇到了知音,把自己所有的苦闷一股脑儿说给了对方。她还心存幻想,希望主管的秘书能把自己的苦恼反馈给主管。

结果第二天,也不知道主管的秘书转述了些什么,当主管见到小丁的时候,脸色更难看,嗓门也更大了。小丁想着自己还把那秘书当作知心朋友,原来她是一个虚伪的人,她既愤怒又后悔。

虚伪的同事一般都戴着面具与你交往,他不会在你面前暴露真实的自己。所以,在更多时候是需要我们做好自己的工作,而只要小心提防对方就可以了。假如对方是一个虚伪的人,你需要做好的就是自己,与他保持一种有距离的关系,你也没有必要揭开对方虚伪的面具。因为你们毕竟只是一种利益上的同事关系,而且为了工作还得继续协作下去,就没有必要去追究对方虚伪的目的,只要没有伤害到自己的个人利益,自己完全可以保持一种平和的心态。

1.不要和他们说真心话

面对虚伪的同事,千万不要说出你们的真心话,或者是向对方吐露一些你的秘密、隐私。因为那些虚伪的人通常都是戴着假面具,他们可能在赢得了你的好感之后,获取你的秘密、隐私,把那些作为他在其他同事面前的谈资。因此,对待那些虚伪的同事,只需要随便寒暄几句即可,而不需要把对方当作真心朋友那样无话不谈。

2.不要在他面前抱怨其他的人

当你们在聊天时,千万不要因为自己内心情绪比较坏就在他面前抱怨其他的同事。如果他知道了你对某位同事有不满的情绪,他就会有所行动。他们有可能会把你所抱怨的那些再进行添油加醋地告诉对方,使你们之间的关系更加恶劣;他们也有可能在公司同事面前,假意站在你这边,“帮着”你说那位同事的不是,并且还会把你对同事的抱怨说出来,到时候,不仅仅是那位同事,也使你自己陷入尴尬的境地。

3.不要过于迁就他

有时候，虚伪的同事会对你进行甜言蜜语的进攻，并且请求你帮助什么，这时候，你一定要保持自己的做事风格，不能害怕得罪他而去迁就他。当然，直接拒绝他，这样得罪一个虚伪的同事也不是一件好事，但是一味地迁就更不是上策，这会使对方感觉找到了你的软肋。最佳的办法，就是进行巧妙地拒绝，既不伤彼此的和气，也使对方明白你真的是有难处，进而理解你。

4.谨言慎行，做好分内工作

那些虚伪的人都善于观察身边的人，洞察他人的心思，所以，你在交往中千万不要小看了他们的能力。而自己更要谨言慎行，做好自己的本职工作，千万不要企图做一些小动作，这样只会让他们抓住你的把柄，揪住你的小辫子。俗话说："身正不怕影子斜。"只要你的言行举止没有丝毫的漏洞，他就拿你没辙。

5.与他们沟通要有防备之心

俗话说："防人之心不可无。"而特别是面对那些虚伪的人，需要自己有一定的提防心理。无论是说话还是做事都要果断，自己的事情自己做主，对方给你建议或者答案只能作为参考，要按照自己的想法作出决定。有时候，如果你轻易地相信了别人所说的话，就有可能中了他的圈套，把自己推进一个困难的境地。

总而言之，你在与那些虚伪的人打交道时一定要小心，以防自己上当受骗。其实，在某些时候，我们身边的那些虚伪的同事也不是那么难相处，而且也不见得就一定是坏事情。当你与他们相处的过程中，你可以从他们身上学到很多知识，时间久了，你也会善于观察、善于总结、善于洞察人心了。实际上，与他们相处，可以使我们做事更加沉着、老练。另外，在我们的同事之中，也不乏有许多真诚的人，所以，虚伪只是给那些需要对其虚伪的人而作出来的，在真诚的同事面前则不需要。

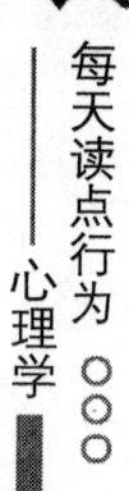

做好自己，别随便踏入任何“小圈子”

每个国家都有一定范围内的疆域和领土，这是其他国家无法侵犯的领地，也是本国赖以生存的领地。同国家的疆域和领土一样，对于每一个人来说，也有属于自己的一块领地。每个人的领地都埋藏了一些秘密，他只有在自己的领地上才能放松，而我们在与同事相处的时候，要保持一定的距离，不要随便进入他人的领地。

每个人在人际交往中，都存在着一种强烈的自我保护意识，保护自己那块领地。而对于存在着利益关系的同事之间，这样一种保护的意识更加的强烈。因为，在同事之间不存在真心交谈的朋友，只是存在着志同道合的革命同志。谁也无法向自己的竞争对手亮出自己的底牌，或是全面地展示自己，他们总会坚守自己那片领地。而人与人之间的交往是建立在互相尊重的前提之上，这就需要我们在与同事相处时，也要学会尊重对方，不要随便就进入他人的领地。

小李是一个性格十分开朗的女生，她刚进新公司没有多久，就赢得了同事们的喜欢。一天，她与同事下班回家，偶然看见上司的车里坐着与自己一起来的新秘书丽丽。她不禁有点儿好奇，还上前去打了个招呼：“嗨，去哪里玩啊？”丽丽有点儿支支吾吾，含糊其辞：“我马上回家呢，正好与老板顺路，他载我一程。”小李笑了笑，就与同事回家了。

第二天，小李就在办公室大声公布了她的新发现，当她和同事正在那里大声讨论着的时候，丽丽拿着文件夹进来，正好听到了，她脸色变得很难看，把文件扔给小李就走了。小李显得有点儿不好意思，两天以后，上司把她叫到办公室，告诫她以后在上班时间少说与工作无关的事情。小李闷闷不乐地回到工作的地方，让她更为伤心的是，竟没有一个人过来安慰她。

在同一个办公室上班，每个人都应该尊重他人的隐私，稍有不慎，就会祸从口出而付出很大的代价。这就需要我们在办公室里,随时注意自己的一言一行,一举一动,千万不要揭露他人的隐私或伤疤。

一般而言,我们在与同事相处的时候,需要与对方保持一定的距离。这样的距离不仅仅是人与人之间的心理距离,还有工作目的与职权的界定距离。所以,我们在工作中,不要随便进入别人的私人领地,也不要对别人的隐私进行大肆的宣扬。

1.不要进入同事的秘密领地

每个人都有自己的秘密和隐私,在一个文明的办公室,我们都应该尊重别人的秘密领地。如果你窥探别人的秘密,那会被认为是一种个人素质低下,没有修养的行为。当然,我们不可否认,每个人都有一定的好奇心。但是,如果你发现自己对别人的隐私开始感兴趣,那么你就应该进行自我反思了。

其实,很多情况都是在无意之间发生的,比如你偶然间发现了同事的一些奇怪行为,在聊天时无意间告诉了别人,这样一传十,十传百,弄得整个办公室人尽皆知。其实,你这样的无意识行为既造成了对同事的伤害,又使其他同事对你有防备之心。因此,与同事相处,就需要与之保持一定的距离,尊重对方的隐私,不要随意进入对方的领地。

2.不要介入同事的工作目的与职权

每个同事都有自己的工作目的与职权,很多人对自己的工作领地有强烈的保护欲。这样一种自我保护意识就体现为,他只会坚持自己的想法,不会轻易接受你的建议,也不希望你随便询问他工作的进度。其实,对于每个人而言,都对自己的工作领域有种强烈的操纵感,他介意其他人对他工作专业有任何的意见,他们做事我行我素,如果你随口问一句"工作进展得怎么样了?"他就会觉得你是在干预他的工作。

因此,如果不是有工作方面的需要,你千万不要介入对方的工作目的与职权范围。不要自以为是地给对方一些建议,也不要随便问有关于任何对方工作的情况,你的无意之言只会让他对你产生敌意的态度。如果你确实是需要配合工作,与其进行共事,首先任务就是与该同事做好完整详细的沟通。

总而言之，每一个人都不希望自己的领地被他人侵犯。一旦他对你有这样一种想法，那就会对你采取敌对的态度。与其让自己职场中多一个敌人，倒不如保持距离，真诚相待，使自己在职场多一个可以信赖的人。

如何与异性同事处理好关系

在同一个公司、同一个办公室，既不可能全部都是男性，也不可能全部都是女性，所以，你的周围免不了会有一些异性同事。对于每一个员工来讲，千万不能小看了办公室里的异性关系，而需要慎重对待。一旦你与某位异性同事的关系没有处理好，就会惹来非议，轻则会败坏你的名声，影响同事之间的关系；重则会让你身败名裂，甚至家庭破碎。因此，这就需要我们在工作中掌控好与异性同事的关系，才能构建和谐的办公室关系。

当然，如何来把握与异性之间的关系？这主要分两种情况，那就是办公室男性如何与女性同事相处，还有就是办公室女性如何与男性同事相处。因为，性别不同，他所具备的个性特质也有明显的差别，这也导致他们在处理异性关系的问题上出现的方式的差别。下面我们就针对这两种情况一一作分析。

1.办公室女性如何与男性同事相处

很多女性在办公室总是出现两种相对的场面，要么很受欢迎，要么就是受到排挤。其实，这就是你没有处理好与异性同事相处的关系。作为女性来说，有着很多女性的特性，比如爱发脾气，喜欢撒娇以及女性特有的声调和语音，这对于男同事来说，都是一种与工作无关的干扰信息。那么，就需要我们的女性朋友在工作中，尽可能地展现出一个工作中的状态，而不是把办公室当作自己的“舞台”，随意地展示自己。

(1)在工作场所不可对男同事撒娇。

很多女性总以为自己身份不一样，于是她们常常把那种在父母面前、在男朋友面前使出的“杀手锏”——撒娇带到工作场所。她们怀着“我是女人”

这样的心态来面对异性同事，于是，从她们的嘴里经常蹦出一些“快点把那个给我”、“今晚送我回家嘛”。其实，即便你是一位女性，可能会容易引起男同事的怜悯之心。但是，男同事毕竟也是同事，你们之间只是存在着利益的关系，因此对他们不要过分依赖。与其让自己的撒娇给对方一个很柔弱的样子，还不如增强自己的独立性，增强责任心，在异性同事面前展现一个不一样的你，才能受到异性同事的尊重。

(2)不要把心思花到如何吸引异性同事上。

很多女性同事每天都盛装打扮去上班，并且极力在办公室表现自己的美丽形象，而她的目的是为了吸引某位异性同事，或者是讨好自己的上司。其实，即便是你对某位异性有好感，那你可以下班之后，或者另外单独找个时间对其表白，但是千万不要公开地向哪位异性同事示好。对你来说，可能会觉得是大胆的行为，但是结果只会是给对方带来一些干扰，也使自己迅速成为办公室的绯闻女主角。

(3)降低自己的声音语调。

很多女性在说笑时容易发出尖锐的笑声，并且语调异常娇嗔，这固然是作为女性所独有的特征，但是其实很多男性同事对此很反感。而对于少数的异性同事，他则会通过你的声音语调揣测你的行为，他甚至会误解你的行为。因此，办公室女性要时刻注意自己是否也存在这样的情况，并且尽量降低自己的声音语调。

(4)与异性同事进行有效的沟通。

当你遇到了工作中的难题，你也可以虚心向异性同事请教，或者你可以主动约男同事出外喝茶，交换彼此的意见。但是，要谈论一些有关工作的事情，避免闲聊，这样可以沟通一下感情。你也可以对男同事提供一些帮助，当下班的时候，不要急着回家，你可以对那些还在忙于工作的同事提供帮助，这样可以在工作中建立情谊，改善你的人际关系，而当你遇到困难的时候，别人也不会袖手旁观的。

(5)适当展现自己的女性魅力。

办公室女性除了像男性一样表现自己，在异性同事面前展现自己理性、坚强的一面，也要适当地展现自己女性特有的温柔的一面。比如，你可以面带微笑地倾听他们的牢骚，你也可以为自己倒水的时候，顺便为身边的异性同事捎带一杯热气腾腾的茶水。这样可以给对方留下好的印象，会觉得你是不具备攻击性的。

(6)不要过分亲近。

办公室女性千万不要与异性朋友太过于亲近，以免造成误会。即便是某位异性同事与你交谈甚欢，你也不要对他进行特意关照，这样只会让其他的同事远离你，背后议论你；也不要在办公室做出一些类似恋爱的暧昧举动，比如用眼神交流，说悄悄话等，不管你是有意的还是无意的，这些举动都足以让其他同事对你们的关系表示怀疑，也会让你成为办公室的绯闻女主角。

2.办公室男性如何与女性同事相处

在办公室里，作为男性也要掌握好与女性同事相处的关系。由于很多男性在事业上的成功，所以他们把一种"性别"问题带进办公室，动不动就对女性同事报以不屑的表情，这都是男性应该避开的雷区。除此之外，办公室男性要给予女性同事最大的尊重，巧妙地恭维爱发牢骚的女同事，真诚地对待那些年长的女同事，还要随时留意办公室绯闻。

(1)不要把"性别"问题带进办公室。

无论你从事任何工作，你都不要把性别问题放在第一位，对方工作做得好与坏才是体现其价值之处。很多男同事自认为自己能力优秀，高人一等，于是他们对女同事是一种看不起的态度，他们常常会说"连这点小事都办不好，还是回家带孩子吧"，明显地显露出性别歧视。因此，男性同事千万要避开这个雷区，不要把性别问题带进办公室。

(2)真诚对待女同事。

办公室男性需要最大限度地尊重女同事，要想别人对你有好感，那么就要学会尊重女性，真诚地对待她们。即便是对待那些比你年长的女同事，也要特别地尊重。如果你在工作上作出了成绩，也要注意态度朴实、真诚，不能表现出一副了不起的样子。在与她们打交道的时候，也要避开谈论对方年龄、婚姻以及个人私事这样的话题，这是对她们的一种尊重。

(3)巧妙面对爱发牢骚的女同事。

有的女同事喜欢发牢骚,她们习惯说“这样的工作干不了”、“又是加班,我已经一个星期没有睡好觉了”。面对这样一些女同事,你不妨巧妙地恭维,给她们戴戴高帽子,比如你可以说“最近干得都不错,希望你要发挥出更优秀的一面”、“请你一定要帮这个忙,你看,我们工作都少不了你”。当对方听到这样的恭维话,即便是她嘴里一边嚷嚷,心里也一定是很受用的。

(4)对办公室绯闻置之不理。

如果你办公室里最近传着你与某位女同事关系甚密的绯闻,那么你要表现出置之不理的态度。在办公室里,男女关系其实是最敏感的,当其他女同事认为你与某位女同事关系甚密,那么其他那些女同事就会对你敬而远之。如果你真的是与那位绯闻女主角存在着暧昧的关系,那么你就需要在以后的交往中注意双方之间的适当距离;如果这不过是办公室里的谣言,那么置之不理无疑是最好的办法,当人们的兴奋劲过去了,就没有人会来关注这件事情了。但是,千万不要解释,你的解释只会越描越黑,加重舆论效果。

总而言之,不管是办公室女性还是办公室男性,都要对异性同事采取大方、不轻浮的态度。你的言行举止就要表现出对异性同事的尊重,只有这样才能够使某些复杂的工作变得简单一些。另外,如果你是办公室恋情者,那么你在工作场所也要与恋人保持一定的距离,将他视为工作中的同事。在对待异性同事的态度上,要严格遵守公私分明的原则,尤其是在工作中,如果你过于彰显自己的个性,那是绝对的禁忌。

第13章

恩威并举：驾驭下属要“严”中有“情”

俗话说：“水能载舟，亦能覆舟。”相信每一个领导者都明白这样的道理，因此，在实际管理中就需要灵活运用多种手段，笼络并驾驭好下属，实现整个工作的有效开展。作为领导者，如何有效地驾驭下属？这不仅需要拿出领导者的威信，更需要以情动人。领导者一定要做好协调工作，使有矛盾的下属能够和谐相处；需要做好一个大家庭的主人，让下属深切地感受到你的“情”；还需要善于使用最佳批评方法，那就是巧妙地运用“三明治”的批评艺术。除此之外，领导者还需要明白，先有威信才能使下级服从，在命令之前应该征求下属的意见。为了使整个团队的工作取得卓有成效的效果，就需要在对待一些个性员工时讲究方法和技巧，还要避免下属中的个别人破坏团队团结。

要懂得向下属表达“疼惜”之情

俗话说:“欲晓之以理,必先动之以情。”领导者希望下属能够全身心地投入工作,甘愿为工作付出,那么就需要用“情”,让下属知道你很“疼”他。其实,很多时候,领导者表现出的“情”并不是要通过一些重大的事情来体现,更多时候是体现在一些细微的小事上。这些小事都是在日常的工作中体现出来的,或者是一句贴心的话,或者是一个善意的微笑,或者是细心地聆听,或者是记住每一个下属的名字,或者是与下属愉快地聊天,或者是适当暴露自己的缺点而拉近与下属之间的距离。这些事情看起来似乎微不足道,但是却常常能够温暖下属的心,激起他们的感激心理,进而把所有精力都投入到工作中去。

《三国演义》长坂坡之役中,曹军轻军前进,曹纯率精骑5000追击刘备军。危急之时,张飞杀入曹军阵内,保护刘备且战且退。赵云负责保护刘备家小,奋勇冲杀中,却不见了刘备的两位夫人和刘备幼子刘禅。赵云又拍马单骑杀入重围,在伤兵的指引下,找到了甘夫人,杀死曹军部将后又救下糜竺,更命糜竺保护甘夫人退到长坂桥东岸。接着,赵云再次奋勇杀入敌阵,在一堵土墙下找到了身负重伤、怀抱着刘禅的糜夫人。赵云下马请糜夫人上马,糜夫人不同意,将刘禅交给赵云之后,转身投入身后的枯井。这时,有手下对刘备说:“赵云北投曹操去了。”刘备表示绝不相信:“子龙不弃我走也。”果然不一会儿,赵云就抱着刘禅赶了过来。

赵云大战长坂坡,九死一生救出少主刘禅,当他从怀中把仍在熟睡的刘禅抱给刘备时,刘备接过来,就把孩子摔到地上,对赵云说:“为吾这孺子,几损我一员大将。”赵云感激泣拜说:“云虽肝脑涂地,不能报也。”

刘备通过摔孩子这一动作,再加上后面感人肺腑的一句话,竟使得赵云跪拜在地,表示自己无以回报主公的心情。作为一个卓越的领导者,就要善于用语言或行为来疼爱下属，只有这样才能真正地感动、激励下属，使之为你谋取更多的利益。

那么，领导者应该通过哪些言行举止来让下属觉得你很“疼”他呢？其实，最重要的就是从工作中的小事做起，下面简单地介绍几种行之有效的方法。

1.记住每一位下属的名字

据说，凯撒大帝能叫出他军队里成千上万人的名字，他就是通过喊他们的名字，促使士兵为他在作战时奋勇杀敌。实际上，每一个人都对自己的名字特别敏感，如果你能记住每一个下属的名字，并在与之交谈时，亲切地叫出他的名字，他就一定能感受到你对他的重视，感受到自己在你心中的位置。作为一个领导者，不管你带领的团队有多大，你应该尽可能地叫出每一位下属的名字，让他们觉得，他们每一个人都是独一无二的，都是特别重要的。如果你所带领的是一个小团队，那么你除了记住他们每一位的名字，还需要更详细地了解他们，比如他们的缺点和优点，这样才能更有效地在用人方面达到知人善任，提高工作效率。

2.适当暴露自己的弱点

在下属的心目中，领导者的形象都是极其完美的，他们总以为领导者是高高在上的，是不同于他们的。其实，这在无形之中造成了下属与领导者之间的距离越来越大。那么，如何来改善这样的情况？每个人都有缺点，一味地掩饰并没有用。因此，领导者没有必要掩饰自己的缺点，而是应在下属面前展现真实的自我，不妨适当地暴露自己的一些缺点。当下属知道领导也有缺点时，他就会觉得“原来他和我们一样，都是普通人”，而且会不知不觉地产生出一种亲切感，这就会使下属感到与领导的距离近了，进而感受到领导的真情。

3.与下属聊天

在工作之余，或者是下班之后，领导者可以邀请下属一起喝茶，共进晚餐。在一种轻松的氛围中与下属聊天，除了谈论一些工作上的事情，你也可以试着与下属谈论一些工作以外的话题，比如兴趣爱好、家庭之类的。这会让下属感觉领导并不是高高在上的，而是成为了自己的朋友，也会感受到自

己在领导心中的地位。

4.多说贴心话

有时候,在某些特定条件下,从领导口中说出的一些贴心话,就会让人感觉有千钧之重,进而收买人心。每一个员工都希望自己能在一个富有人情味的团队中工作,而这就要看领导是否善解人意,是否体恤和关心下属。比如,有一个员工向你请假回去照料生病的母亲,那么当他上班的时候,你不妨问问他母亲康复了没有;当一位下属的脸色不太好,你不妨走到他身边,问他出了什么事情;如果下属经常在你面前谈起他正在上高中的儿子,那么你不妨问一下他儿子的学习成绩怎么样。虽然,在领导看来,这些都是一些细小的关心,但却会让下属很长时间都想着你的恩德。

5.善意的微笑

无论在什么时候,下属都不希望看到领导黑着脸,这样只会增加他们的心理负担,使你们之间的距离越来越远。相反,如果一个领导在面对下属的时候,多露出一个善意的微笑,那就会让下属觉得自己原来是讨上司喜欢的。善意的微笑可以为你的威信增添一股亲切的气息,而这样的气息无疑是下属希望看见的,他们会为了你的一个微笑就保持一整天的愉悦心情去工作。

6.聆听下属的意见

领导者不能自诩身份不一样,资历比较高,就不去重视下属的想法和意见。其实,在很多时候,他们在你面前所说出的想法和意见,有可能是他经过了多天的认真思考。无论对方的建议是否可行,你都应该认真地聆听,对他说的比较恰当的地方给予赞扬,对他说的不足之处要及时地进行引导。

总而言之,对待下属就是要"以情动人"才能真正地打动他们,激励他们更加努力的工作。一般而言,领导者管理下属的目的就在于使工作能够顺利开展,进而使整个团队获得发展壮大。这就需要激起下属积极的工作心态,把自己全身心都投入到工作中去,而行之有效的办法,就是让下属知道你"疼"他,以情动人,从一些日常的小事做起,才能够真正感动、激励下属。

调节工作，让有纠葛的下属化敌为友

领导者所带领的团队组织，必定是一个拥有众多员工的大家庭。而人与人之间的相处，总会出现各种各样的矛盾和冲突，这是人际关系中本身所固有的，不能回避的。这时候，就需要领导者做好一个协调者，掌握一些灵活的协调艺术，如果下属之间存在着一些矛盾，这势必会影响到他们工作的态度和情绪，他们会无心工作，会把注意力集中到与对方的矛盾冲突之上。而领导者的工作就是协调下属之间的矛盾，寻找一个关键的切入点，使他们能够化解矛盾，和谐相处。

当然，领导者在协调矛盾的过程中，千万要注意使用恰当的方法，协调下属们在认识上的分歧和利益上的矛盾。如果处理不当，就会激化矛盾双方，并且使领导者也陷入难堪的境地。领导者在协调矛盾或冲突的时候，应该做好三方面的工作。一是判断和理解矛盾产生的原因，二是有效地控制矛盾双方的情绪和态度，三是选择恰当的方法来处理双方之间的矛盾。

1.判断和理解矛盾产生的原因

下属之间容易在利益和意见上发生冲突，当双方之间产生了矛盾，那么作为领导者在处理问题的时候就要一视同仁。你可以将两人分开接见，避免双方当面争吵，使事态愈演愈烈。当你单独接见其中的某一位时，应该请对方心平气和地将事情的始末叙述一遍，但是你应只注重倾听，不要加以任何的批评。俗话说："公说公有理，婆说婆有理。"双方的叙述肯定存在着一定的出入，那就需要你判断是非了。

如果是双方由于个人利益而产生的矛盾，你应该确保心中有数，但是不要当面指出谁是谁非，以免进一步影响两人之间的感情和形象。你应该分别找当事人进行细说，把问题的利害说清楚，让对方明白矛盾是如何产生的。如果是由于公事而产生了矛盾，你则需要告诉双方，你已经知道了事情的真相，而

在采取办法的时候则需要让双方明白是为了公司的利益而继续合作下去。

2.有效地控制矛盾双方的情绪和态度

当下属之间一旦出现了矛盾,那种往日的和谐气氛就没有了,他们相见如同仇人般眼红,甚至还会使出各种计策来陷害对方。这时候就需要领导者来有效地控制矛盾双方的情绪和态度,使双方能够平静下来,认识到自己的不足之处。当下属之间发生了严重的冲突,你不妨找个机会让他们各自发泄出心中的怨气,千万不要让他们心中的怨气淤积起来。等他们各自发泄完之后,他们的心里已经平静下来,这时候再来面对彼此之间的矛盾,气氛就不会那么紧张了,而是心平气和地把问题给解决了。

领导者在具体实施的时候,不妨单独地请冲突中的双方去喝喝茶、聊聊天,认真倾听其抱怨及不满的情绪,细心开导对方,并为其一一地分析事情的来龙去脉。当下属把那些愤怒和不满的情绪发泄完了之后,他就会心平气和地思考自己的所作所为,他会想到可能自己也有一部分做得不到位。于是,你可以把矛盾双方各自的意见收集起来,作为解决问题的重要信息。

3.选择恰当的方法

在领导者的所有工作中,他可能需要花费百分之二十的时间来处理下属之间的矛盾。这就需要领导者能够快速地判断导致矛盾产生的原因,进而才能够有的放矢地采用合适的方法。

(1)寻找双方的适度点。

当矛盾的双方已经陷入了僵局,你站在领导的位置,你可以找准双方的适度点,迫使矛盾的双方各自退让一步,达成双方都可以接受的协议。当然,在具体的操作过程中,领导者需要一视同仁,不要偏袒其中的一方或者压制另一方,而是应该平等地对待,使他们能够“化干戈为玉帛”。最为关键的一点就是找准双方矛盾的切入点,才能使他们团结起来,一起行动,这样不仅能够有效地解决彼此之间的冲突和矛盾,也能使双方变得愉快。

(2)采用迂回的方法。

有时候,矛盾是由于一些没有原则性的纠纷引起的,那么,领导者可以采取比较含糊的处理方法。你可以作出一些合作、折中或退让、妥协。你可以找准双方共同的利害关系,鼓励他们把这种共同的利害关系结合起来,最终使双方各自的要求都能够得到充分的满足；在针对冲突双方的要求之间找折中点，让双方能够得到部分要求的满足；你也可以驱使冲突的一方放弃自己的观点、利益，而去满足另一方的要求；你还可以暗示或放任不管以鼓励矛盾的双方自己寻找方法去解决分歧。

(3)让时间去解决。

当一些矛盾发生的时候，及时并不能完全解决问题，当解决矛盾的条件还不够成熟时，就需要维持现状，等待时机成熟才给予解决。或许经过一段时间的积累，矛盾的双方就会逐渐放弃以前的成见，适应新观念和新事实。这对于一些冲突和矛盾也给了足够的时间，最后就会使问题的解决比较自然和顺畅。

在一个单位或部门，常常会出现这样的状况，员工之间对执行的某项任务或某个问题在利益和观点上不一致。有时候因为彼此意见不合，双方还有可能闹得面红耳赤，闹到异常紧张的地步。而通常这个时候，领导者是作为一个"和事佬"出场，亲自协调下属之间所产生的冲突与矛盾，使有矛盾的下属能够和谐地相处。

"三明治"批评法，让下属乐于接受意见

在面对下属工作中出现的失误或者问题，领导者应该进行适当地批评并否定其一些不当的言行，使下属所存在的问题或不足之处不至于继续发展下去，甚至出现更大的错误而最终影响整个工作的开展和进行。古人曾云："人非圣贤，孰能无过？"但是，如果你的下属犯了错误，而你不加以批评，任其发展，他将会在错误的路上越走越远，无论是对他的工作还是人生都会有影响。因此，领导作为统帅人物，适当地批评和否定下属，这是很有必要的。当然，好的批评就是一种激励，最佳的批评方式是需要讲究技巧的，领导者不仅仅需要纠正下属的错误，而且更需要使下属能够不断地进步。这就需要领导者掌握最佳的批评方法，即运用"三明治"的批评艺术。

1."三明治"批评艺术的由来

美国著名企业家玛丽·凯在《谈人的管理》一书中写道:"不要光批评而不赞美。这是我严格遵守的一个原则。不管你要批评的是什么,都必须找出对方的长处来赞美,批评前和批评后都要这么做,这就是我所谓的'三明治式'批评法——夹在两大赞美中的小批评。"她在书中论述的观点是,作为一个领导者,即使你在批评下属的时候,也应该先对他的优点或工作业绩赞扬一番,然后再客观地提出批评,为了使你们的谈话在友好的气氛中结束,你再使用一些赞美的词语。这种两头赞扬、中间批评的方式,就像是三明治,所以大家称这样的批评为"三明治"式的批评。

2.巧用"三明治"的批评艺术

一个聪明的领导在批评下属的时候,总是在批评之前先肯定其成绩,然后再真诚地向他提出存在的不足之处,当对方已经在慢慢接受你的意见时,再不失时机地说出你的赞扬之词,以此激励下属更加努力地工作。很多领导者习惯在批评的时候,就直接地说:"你所做的这件事令我相当的失望。"那么,当下属听到这样的话就会觉得自己已经不受领导重视了。相反,如果采用"三明治"批评艺术,你不妨说:"你做事向来都是很不错的,从来都没有出过任何偏差。这次突然出现了失误,我想一定有其他的原因吧,希望你说给我听听。"在你的赞扬声中,他就会把事情的经过娓娓道来,当你清楚了具体情况之后,再表示:"出现这样的问题,是我们谁也不想看到的,希望你能尽快找到解决问题的办法,如果需要帮助的时候,请来找我。"然后,你再转到愉快的话题上来,对他的优点进行赞扬:"我知道你做事向来很认真,这次也要更加努力,争取为我们部门再创一个荣誉。"这样就会让他真正了解你的意图和想法,明白你并不是在批评他而是引导他如何来解决问题,使双方都能保持愉快的心情,而又把问题解决了。

3."三明治"批评的艺术所在

高明的领导者都会在批评下属的时候,采用三明治的批评方式,三明治批评方式也被称为最佳的批评方式。那么,享有这样荣誉的"三明治"批评方式,自然有它的盛名之处。这样一种批评方式,能够有效地避免批评本身带来的负面影响,而把一种本身带着负面的批评成功地转化为正面积极的激励方式。这对于被批评者来说,既不会受伤,又能在甜美的赞扬声中解决问题,无疑是最容易接受的批评。

(1)满足其心理需求。

从心理学角度来说,大多数的人在听到批评的时候,都不会像听到赞美那样令人愉快。对于每一个人来说,他们在面对别人的批评时都有一种抵触心理,并且喜欢为自己的错误进行辩解。在对自我认知上,他们确信自己是不可能不犯错误的,但是在行为上却一再为自己的错误行径作解释。而"三明治"批评方式无疑满足了人们的心理需求。

(2)不伤害其自尊心。

很多领导者在批评下属的时候,丝毫不考虑对方的自尊心,当面或直接就对下属进行大声责骂,其实这样的方式很容易伤害下属的自尊心,激起对方的逆反情绪。实际上,每个人都渴望别人的赞美,因为赞美能够在他们心里留下深刻的印象,并且使他们的心情保持一种愉悦的状态。而三明治式的批评方式,能够使前后的赞美起到这样的作用。当你在诚恳而客观地对他赞扬之后,再进行批评,他就觉得你的批评在赞美的包裹下显得不那么刺耳,所以心里更容易接受这样的批评,也使其自尊心得到保护。

卡耐基这样说:"当我们听到别人对我们的某些长处表示赞赏之后,再听到他的批评,心里往往会好受得多。"换句话说,就是灵活地采用"赞扬—批评—赞扬"这样类似三明治的批评方式。领导者在与下属的交流中,对下属一些不当的言行进行适当的批评,这主要目的是为了限制、制止和纠正下属的那些不正确的行为。然而,在很多现实工作中,很多领导不愿意甚至不敢对下属提出批评,害怕得罪下属。其实,那些得罪下属的批评不在于批评本身,而在于你所使用的批评方法不当。因此,领导者在对下属的批评中,要善于使用"三明治"批评方式。

恩威并举,先有威信才有服从

很多领导者总是抱怨下属不服从自己的命令,不把自己放在眼里。于

是，领导者与下属之间的关系越来越疏离，工作也越来越难以开展下去。其实，造成下属不服从自己命令的主要原因在于领导者没有威信，没有拿出领导者的果断、敏捷，因此难以使下属信服。

有的领导者在工作中，总是没有明晰的指示，他们对于自己作出的决策也难以相信，所以经常会出现朝令夕改的情况；有的领导在关键时刻，总是拿不出果断的决定，面对千载难逢的机会优柔寡断，于是成功的果实也失之交臂；还有的领导唯唯诺诺，无论是大事小事，自己都拿不定主意，而是希望下属拿办法。其实，像这样的领导者都是威信不够的表现，一个领导者的做事风格往往决定其权威性。如果一个领导具有敏锐的观察力，能够在关键时刻作出决定，并使得工作卓有成效地开展下去。那么，这样的领导无疑是有威信的领导，也是下属所敬佩的领导。当下属已经不再怀疑你的能力，他就会绝对服从你的命令。

1.切忌朝令夕改

领导在做任何决定的时候，都需要经过深思熟虑，“三思而后行”。只有对整个事情全盘把握，才能清楚地分析出利与弊，才能够作出正确的决策。而不是你突然灵光一闪，钻出了什么点子就急急忙忙地传达下去，可是等到工作进行的过程中，你才发现原来这个决策是不行的，于是又传达禁止的命令。如果领导在实际工作中这样“朝令夕改”来指示下属工作的话，很多下属都会觉得恼火，甚至会对你的领导力进行质疑。因为对于执行者的下属来说，他们在工作中并不像你的思想那么迅速，做任何一项任务都有个复杂的过程，当他们已经开始了一部分的工作，但你却下令禁止，那无疑是给他们的工作带来一些麻烦。除此之外，朝令夕改也会使你的命令含糊不清，容易给工作带来一些不好的影响。通常来说，朝令夕改的行为会消减领导者的威信，降低下属对你的信任度。

2.切忌优柔寡断

当面对一个最佳机会的时候，下属就开始请示领导。可是这时候，领导却由于优柔寡断的工作作风，迟迟不肯做出决定，最终使自己失去了最佳的机会，让他人捷足先登。这样无疑就会使自己在工作上失去很多成功的机会，像项羽在鸿门宴的时候，由于一时的犹豫使刘邦逃之而去，为自己树下了一个大敌，最后自刎乌江，这是十分不值得的。无论是说话还是做事，领导都要决事果断，不能拖泥带水，优柔寡断。

3.要自己做主

有的领导对事情没有清晰的判断，也不明白该作什么样的决定。于是，无论是碰到大事小事，他都依靠自己的智囊团作决定，他只是等待最后的结果。这样的领导无疑是直接拿别人的思想来作决定，自己拿不定主意。当然，如果领导在作决定时出现了犹豫不决的情况，你可以适当地倾听一下下属的建议，但是建议毕竟只是用来参考，然后再综合自己的思想作出决定。假如你只是全盘听下属的，时间久了，下属也会觉得你这个领导毫无能力，甚至心里对你产生不屑的态度。面对自己拿不定主意的领导，下属是很难有信赖感的，也不会轻易服从你的命令。

总而言之，作为一名领导者无论说什么话、做什么决定，都要“三思而后行”，不要在关键时刻陷入犹豫不决的情境。在日常的工作中，一旦自己决定了的东西就不要轻易地改变，要坚定地执行下去，但前提是这个决定是正确的，即便是有点偏差那也是对大局毫无影响的。

在下达命令之前，先征求下属意见

作为一个领导者，无论是向下属传达指令还是向下属派遣任务，都需要先征求下属的意见。这是因为领导者只是决策的制定者，并不是实际工作的执行者，这就需要选择一个合适的下属去完成工作任务。但是，下属在接到工作任务之前，他对于所要面对的工作的目的、难度都不清楚，而领导有可能也不是太清楚下属的工作能力。在这样一种盲目的情况下，如果你直接就向下属传达某项命令，而那位下属正是对这方面的工作不太擅长，这就会阻碍工作的进程，也不利于提高工作效率。因此，领导在向下属传达命令之前，必须征求一下下属的意见。

张先生是一家大型企业的总裁，他习惯在向下属传达任何命令之前征

求下属的意见，哪怕只是给对方一个假期，他也会提前通知对方。这样的一种习惯，使得他每次派遣的任务都能够获得成功，并且下属也会全力地投入到所接受的工作中去。

有一次，张先生所在的公司研发了一个新产品，他需要一位卓越的推销人才去为新研发的产品打通市场，这是一个异常艰巨的任务。张先生经过几番斟酌，选定了公司里一位颇具能力的新员工。

“你带着我们公司的新产品去打开市场，怎么样？”张先生轻松地问被召见的新员工，“我现在急需要一个有能力的人去给我做销售顾问。”

那位新员工大吃一惊，他当然知道这件任务的艰巨性。他不得不考虑自己的能力，考虑这是否在自己的能力范围之内。

张先生见他犹豫不决，便微笑着道：“怎么样？没有信心吗？任务是比较艰巨，但是我更相信你的能力，俗话说‘初生牛犊不怕虎’，我就是看重了你的那种冲劲。”

面对总裁如此的信任，新员工不禁鼓起了勇气，最终接受了挑战，并引领着新产品开始了漫漫的销售之路。

试想，如果张先生没有事先征求新员工的意见，就擅自作出决定，把这样一份工作交给他。这无疑会给新员工极大的压力，进而会影响到工作的有效进行。张先生的高明之处就在于，当他征求员工意见的时候，他已经为员工准备了强大的后盾，那就是信任感，给予下属绝对的信任。而正是这信任才会使工作得以顺利地展开，才有可能获得成功。

领导在下命令之前征求下属的意见，这一方面是为了再一次清楚地向下属传达信息，另一方面也是对下属的尊重。除此之外，还可以有效地化解下属的畏难情绪或者轻视态度，这对于工作的积极开展是非常有用的。

1.使所传达的命令更加清楚

有时候，当下属预先没有得到任何通知，就莫名其妙地接了命令。这对于下属来说，没有准备的心理，同时也对命令的具体信息不是很清楚。如果领导在传达命令之前，先征求了该下属的意见，下属就会更加明确这是一个什么样的命令，自己的工作任务到底是什么，工作难度怎么样，自己是否能胜任这份任务等。只有对命令有了较为详细的了解，才会帮助下属更好地完成任务。

2.对下属的尊重

在我们平时生活中,无论你请求谁给你做件事,你都会先征求对方的意见,这是一种礼貌,更是一种尊重。因此,领导在向下属下达命令的时候,也需要体现出这样一种尊重。只有你的尊重才会换来下属积极工作的热情,只有你的尊重才会赢得下属的更多信任。作为下属,他并不希望处于一种被领导任意差遣,叫自己干什么就干什么,而不需要征求自己的同意的境地。如果下属在接受任务的时候,有这样一种想法,他就会带着一种抵触情绪,而这是很不利于工作的进行的。

3.化解下属的情绪

有时候,领导所派遣的任务有可能是太简单,或者太困难,这就需要领导在征求下属意见的时候,说清楚任务的难度。并且根据不同下属的能力情况,化解下属的情绪,比如当你所下达的任务太过于简单,而下属的能力又是特别优秀的,他就有可能产生轻视的态度,而这就需要领导进行提醒;当你所下达的任务难度太大,而下属的能力只是普普通通,这就会使他产生畏难情绪,而这就需要领导给予对方信任,增强其自信心。

对某些有个性的下属,适当使用些小手段

在每一个公司或者企业,都存在着一些别具个性的人物,也许他们所具备的个性并不会给工作带来多大的影响。但是,一个人的个性会影响其工作态度和工作风格,这就会为其工作带来一些麻烦,使原本比较简单的工作变得很复杂,或者使本来比较顺利的工作变得异常曲折。通常来说,领导对下属的有效管理就是为了提高工作效率,这就需要领导在对待个性员工时采用一些小手段。

一般而言,每个人都有自己的个性,但是对于绝大多数员工来说,在实际工作中,都会压制自己的个性来配合公司的管理制度、工作制度,这样才能使工作卓有成效地进行。但是,对于少数员工来说,他们的个性太过于鲜

明，不易压制自己的个性，于是他们就经常在实际工作中表现出自己的个性。有的下属个性敏感，比较自卑，遇到一点事情就情绪激动，找领导投诉；有的下属比较消极悲观，总是担心失败；而有的下属比较敏感，面对领导的一举一动，他都会惊惶恐惧。领导者在管理过程中，就要学会依据不同的个性采用不同的管理方法，这样才能够提高管理水平。

一般来说，有这样几类个性比较突出的人，他们也比较难管理，下面我们就一一做简单的介绍。

1.面对自卑的下属

有的人很自卑，尽管他们工作比较认真，也很执著，但总是不够顺利，而他总是认为是其他同事故意刁难他。由于这样的原因，他就会大发雷霆，甚至到领导办公室投诉，这就使得整个工作团队火药味浓厚。面对这样的下属，领导要对其进行适当的赞扬，增强其自信心。另外，你可以向其他下属说明情况，希望大家一起帮助他，使他改善自己的自卑心理。

2.面对脾气暴躁的下属

有的下属脾气比较暴躁，容易冲动，只要公司在某些方面触动了他的利益，他就会马上冲进领导办公室，企图找个说法。当你面对这样的下属，不妨先温和地请他坐下来，认真地听他的抱怨。等到他说完了，怒气也就消了，你再针对他所说的情况，适当进行处理。

面对这一类下属，你千万不要试图一下子就改变他的脾气，也不要对其敷衍，或者是转换话题，这样会使他的情绪更加恶劣。你需要在平时的工作中，提醒对方这样的脾气对自己的工作是没有任何帮助的，教导他学会克制自己的情绪。

3.面对悲观的下属

有的下属天性比较悲观，不相信自己的能力，面对一些工作任务，还没有开始之前就担心自己要失败了。即便是面对他人明明错误的言论，他也会思考上半天，还是觉得无法判断出对与错。总的来说，他们就是对自己缺乏信心。面对这样的下属，则需要领导用自己的乐观、积极的工作态度去感染他。当你交给他一项工作任务时，更需要以肯定、乐观的态度对待，而他在尊重你的同时也会受你乐观心态的感染，进而增强自己的自信心。

4.面对敏感的下属

有的下属个性比较敏感，他们显得很拘束，经常冷着一张脸。他会因为领导的一言一行而紧张不已，显得惶恐不安，甚至回答领导的问题也会显得战战兢兢、无所适从。面对这类下属，则需要表现出你的耐心，对他说话时必须小心谨慎，避免一些刺耳的言辞伤害到对方。即便是他们工作中出现了一些问题，但你在对他们进行批评的时候，也需要多考虑到他们的想法，尽可能地照顾到他们的自尊心。你可以少一些批评，多一些赞赏，即便是在平时的工作中，多给他们一些鼓励的笑容，多一句亲切的问候，这样会自然地给他们一种安全感，也会增加他们的自信心。

时刻盯紧团队工作，防止小人破坏

在每一个单位或者部门，都存在着试图破坏团队团结的小人。他们就像是无孔不入的苍蝇，唯恐天下不乱，影响整个团队的工作效率。作为一个管理层的领导者，你的职责所在就是促进更多利于工作开展的因素，而阻断一些妨碍工作、影响工作的不利因素。面对那些企图破坏团队团结的小人，领导者更应该严厉制止。当然，任何情况都需要防患于未然，这就需要领导者在平时的工作中，注重团队的团结工作，提醒那些企图破坏团结的小人，使之转移到工作上来。这样才能有效地避免下属中的小人破坏团队团结。

1.平时多注重团队的团结

领导需要在平时的工作中，注意培养团队的团结精神，积极为下属营造一种大家庭的企业文化氛围。对下属要多关心，多鼓励，多赞赏，让下属感受到家的温暖，体会到领导的真情。只有让下属把团队当做家，把自己当成"家"的成员之一，他才会为了大家庭的繁荣而更加努力地工作，而不会想到去破坏这样一种温馨美好的氛围。

除此之外，领导还可以组织团队成员参加各种各样的团队活动，建立起强

烈的团队意识。比如,每个部门之间进行一场篮球赛,公司与其他公司之间进行一些有意义的比赛,在比赛中可以建立彼此之间的信任感和集体荣誉感。还可以每个月举行一次公司聚餐,这样有利于同事之间交流感情,下属与领导之间进行愉快的交流。只有加强团队中每一位成员的团结意识和集体荣誉感,才能逐渐化解小人心中的思想,阻止其破坏行为的出现。

2.提醒、警告那些有意破坏团队团结的小人

在每个办公室,都存在着喜欢背后说人家坏话、喜欢窥探他人隐私、喜欢挑拨离间的人。他们总是唯恐天下不乱,喜欢在休息之余议长论短,四处造谣生事,而他们通常也是办公室绯闻的制造者。领导者面对这样的下属,千万不要任其发展下去,而是需要严肃对待。因为他们的言行看似没有多大的危害性,其实不然,正是那些从他们嘴里传出的流言飞语,轻则伤害到其他同事,毁坏其形象,重则使当事人身败名裂,妻离子散。

因此,领导者面对这样的言行,千万不能姑息,而是需要提出严重的警告。你可以把那些有意造谣生事的下属叫到办公室,对其进行警告:“我希望你以后在上班时间,不要去谈论一些与工作无关的事情。”当然,对于那些行为极其恶劣的造谣者,你可以进行处罚或其他方式的处理。

3.使其将注意力转移到工作上来

当你发现公司已经存在着那种试图破坏团队团结的小人,那么,你不妨在公司的例行会议上,重点强调工作的重要性。或是针对相关当事人进行人事调配,或是派遣一项重要的工作任务给当事人,使其将注意力转移到工作上来,没有工夫去挖空心思破坏团结。

总而言之,一个工作团队最重要的就是团结,只有大家团结一致才能把工作做得更好。因此,领导者在平时工作中就要注意培养下属的团结精神和集体荣誉感,才能有效地避免下属中的小人破坏整个团队的团结。

维系友谊：以心交心让情谊更加牢固

每个人都需要友谊，没有谁可以独自一个人在人生的海洋中航行，我们既需要别人的帮助，也应该给予别人帮助。显而易见，朋友的重要性不言而喻，我们无法离开朋友。当你情绪低落的时候，你需要有个朋友在你身边安慰你，鼓励你，使你重新振作起来；当你遇到困难的时候，你需要有个朋友来帮助你走出困境；当你开心的时候，你需要有个真心的朋友与你一起分享快乐。当然，医生可以用药治疗我们身体上的疾病，但是如果没有朋友，谁又能从精神创伤中恢复过来进而保持愉快的心情呢？朋友不仅仅是与我们一起分享快乐，他更可以倾听我们的烦恼，并给我们提出建议，与我们同甘共苦。因此，在众多人际关系中，朋友是最值得我们投资的关系之一。

真诚至上，用尊重换来真心

我们在生活中或工作中，总是会结交一些志同道合的朋友。很多人认为，朋友是与自己形影不离，朝夕相处的，自然是彼此亲密无间。所以，朋友之间也不存在什么礼仪，有的人更是对朋友存"招之即来，挥之即去"这样的态度。其实，存在这样的想法是极其错误的。毕竟朋友之间的关系不同于亲人之间的关系，亲人之间存在着血缘关系，即便是发生了矛盾，甚至大干一架，都很容易得到解决，进而保持一种稳定的亲人关系。但是，朋友之间就不一样，一旦朋友之间发生了冲突或矛盾，一般而言是要比亲人之间发生的矛盾更难解决些。因此，为了避免与朋友之间发生一些不愉快，这就需要我们在与朋友交往时要讲礼仪。礼仪不仅仅是一种尊重、礼貌，更多的时候，它稳固了我们与朋友之间的密切关系。

俞伯牙乘船游览，面对清风明月，他思绪万千，于是又弹起琴来，琴声悠扬，渐入佳境。忽听岸上有人叫绝。伯牙闻声走出船来，只见一个樵夫站在岸边，他知道此人是知音，当即请樵夫上船，兴致勃勃地为他演奏。伯牙弹起赞美高山的曲调，樵夫说道："真好！雄伟而庄重，好像高耸入云的泰山一样！"当他弹奏表现奔腾澎湃的波涛时，樵夫又说："真好！宽广浩荡，好像看见滚滚的流水，无边的大海一般！"伯牙兴奋极了，激动地说："知音！你真是我的知音。"这个樵夫就是钟子期。从此二人成了非常要好的朋友。

两人分别时约定，明年此时此刻还在这里相会。第二年，伯牙如期赴会，但却久等子期不到。于是，伯牙就顺着上次钟子期回家的路去寻找。半路上，他遇到一位老人打听子期的家。这一打听才知道，原来，这位老人正是子期的父亲。老人告诉伯牙，子期又要砍柴又要读书，再加上家境贫寒，积劳成疾，已经在半月前去世了。子期去世时担心伯牙会在这里久等，叮嘱老人一定要在这一天来通知伯牙。伯牙听到这个消息后悲痛欲绝。他随老人来到子期的坟前，抚琴一曲哀悼知己。曲毕，就在子期的坟前将琴摔碎，并且发誓终生不再抚琴。

两位“知音”的友谊感动了后人，人们在他们相遇的地方，筑起了一座古琴台。直到今天，人们还常用“知音”来形容朋友之间的情谊。

我们与朋友之所以能够志同道合走到一起，大多是因为共同的爱好、理想、事业走到了一起，为了一个大的目标走到了一起。因此，只有朋友之间互相团结起来，才能使共同的目标取得成功。这就决定了在与朋友相处时也要遵循几个原则，只有遵循了朋友之间的交际原则，才能使我们与朋友之间的关系更为密切，才能使我们之间的友谊四季常青。我们对朋友要真诚，千万不能当面一套，背后一套，这样只会让朋友看清你的真面目；在朋友面前更要谦虚，不能任意地表现自我，给人自命清高的感觉；对待朋友一定要懂得忍让，只有相互忍让才能使友谊继续下去；无论在任何时候，都要相信朋友，给予对方最大的信任，才会让朋友感觉到他在你心中的重要性。

下面我们就朋友之间需要掌握的几个常见的礼仪，一一进行介绍。

1.相信朋友

信任是朋友之间得以交往的基础，只有朋友之间建立起了信任感，才能够使彼此的友谊继续下去。如果双方都持着怀疑的态度，相互不信任，这只会让朋友之间相处起来很困难，甚至有可能终止了友谊。那就需要我们在任何时候，都要对朋友充满信任，不能对朋友的什么事情都不在乎，甚至有意无意地去贬低朋友。

当然，对朋友的信任并不意味着你完全丧失了自己的主见，不是朋友说什么就是什么，自己完全没有意见。但是，也不能太过主观，听不进朋友的意见，甚至对朋友的一些想法和观点进行贬低。其实，说者无意，听者有心，这会无形之中伤害到朋友，进而破坏了朋友之间的关系。

2.真诚

朋友之间的交往，贵在真诚，只有真诚才能建立起朋友之间的桥梁，才能维持朋友之间的密切关系。与朋友交往真诚最重要，千万不能当面一套，背后一套，如果你这样戴着虚伪的面具与朋友交往，就只会使自己孤身一人。既然是朋友，那就没有什么可以隐瞒的，有什么说什么，千万不能两面

三刀，口是心非，甚至阳奉阴违。

朋友之间最忌讳的就是缺乏真诚，只有真诚才能让彼此打开心扉，进行心灵上的交流。尤其是当你和朋友在同一家公司上班的时候，你们既是同事又是朋友，更要注意对朋友真诚。有可能同事之间存在着利益之争，所以你千万不能为了一些小恩小惠就处处对朋友隐瞒，这是极不真诚的表现，朋友也会发现你的真面目。由于你和朋友都在一个群体之中，你的言行举止都被朋友看在眼里。因此，只有付出你的真诚才能与朋友之间和谐相处，才能在彼此之间建立起真正的友谊。

3.谦虚

谦虚是一种美德，更是朋友之间不能缺少的品德。当你在与朋友交往的时候，即便是你能力在朋友之上，也要表露出自己的谦虚态度。遇到自己不懂的事情，也要虚心向对方请教，不要凡事都极力地表现自己，突出自我，对朋友提出的建议总是不屑一顾，甚至表现出漫不经心。如果你表现出那样的行为，只会给朋友一个自命清高的印象，进而使你们之间的关系更加难以把握。

但是，在朋友面前的谦虚也要把握个“度”，不能过分，因为“过分的谦虚就等于骄傲”。你过分的谦虚只会给对方一种很虚假的感觉，当你当着朋友的面，什么都顺从，但是背后却到处抱怨朋友的不是，这样只会让朋友感觉到虚伪。

4.懂得忍让

俗话说：“忍一时风平浪静，退一步海阔天空。”我们在与朋友的相处中，难免会发生一些摩擦，就连舌头和牙齿都有发生不愉快的时候，更何况是我们。因此，当我们与朋友之间出现矛盾的时候，要懂得忍让，主动承担责任。如果错误在自己，首先要学会自我批评，对自己严格要求，真诚地向朋友道歉；如果朋友也有错，那么你就要懂得忍让，谅解朋友的难处，千万不要在愤怒之下说一些伤害朋友的话，这只会让你们之间的关系越来越疏远。

学会把你的朋友分为三六九等

在我们日常交际中，每个人都是平等的，人与人之间的交往也是建立在平等的基础之上的。但是，朋友却是可以分等级的，它可以分为三、六、九等，即是分为损、益、良三类。在朋友当中也存在着不同的朋友，他们有的是我们的好朋友，能够在你遇到困难时为你排忧解难；有的是我们的知己好友，能在我们心情烦闷时安抚我们的心理；有的朋友是我们的酒肉朋友，只是希望在我们身上索取，而不会对我们有任何的情感。

我们把所有的朋友分为良友、益友、损友。一般而言，良友和益友都是我们人生中不可缺少的朋友，而损友则是需要我们敬而远之的。这就需要我们在与朋友交往时，注意观察对方的言行举止，把对方在朋友中分一下类。这是因为不同类的朋友，我们所采取的交往方式也不一样，所以我们一定要清楚地判断出对方是属于哪一类的朋友，这样才能够使我们多结交良友、益友，避开一些损友。

1.良友

我们所说的良友就是普通朋友和好朋友之列的，在这种朋友中，经过长时间的相处与交往，最终会有一部分成为我们的益友，成为我们的知己。因此，对待这样的朋友需要付出自己的真诚，才能打开对方的心扉，进行心灵上的交流，让彼此之间的友谊能够长期地发展下去。

(1)普通朋友。

所谓的普通朋友是我们那些萍水相逢的朋友，彼此之间既不存在很亲密的关系，也不存在着仇人般的敌意。通常情况下，我们与对方的交往方式，就是相逢擦肩时打声招呼，而后彼此匆匆而去，消失在人群之中。对这样的朋友，要掌握好分寸，与他们保持一种既不过分亲近又不过分疏离的君子般的交情。他们有可能会成为你以后的好朋友，甚至是益友，但是也有可

能只是你人生路途上的一个过客。

(2)好朋友。

好朋友就是我们身边那些在困难时候给予我们帮助的人,他们并不是与我们朝夕相处、形影不离。只是在我们陷入窘迫境地的情况下,毫不犹豫地向我们伸出援助之手,对于他们而言,并不希望得到我们的任何回报。他们在帮助我们之后就悄然离去,或者由于自己的某些事情而离开。他们对我们而言,是属于好朋友,更是良友,如果彼此保持联系,继续进行交往,有可能还会成为我们的益友,但是有时候也会成为我们路途中的过客,最后只在我们的记忆中留下那么一个美好的印象。

2.益友

益友就是那些跟随我们一辈子的朋友,无论是我们在困难之际,还是在我们飞黄腾达之时,他们都是我们永远的知己好友。对待这样的朋友,只要用心去经营你们之间的友谊,用心对待对方,就会使我们终身受益。

一般而言,我们经常所说的知己好友就是属于益友这一类,他们会在我们颓废委靡的时候,给我们做好一切,安抚我们忧郁的情绪,为我们分担压力。在我们享受富贵生活的时候,也会陪在我们身边,给我们一些适当的提醒和问候,绝不会因为我们的成功而心生嫉妒。像这样的朋友,就会是我们一生的朋友,“海内存知己,天涯若比邻”,不管我们在哪里,都不会忘记对方;无论我们离开了多久,想起对方的那种感觉是永远不会变的。

3.损友

我们所说的损友就是在与我们交往中,他们不付出一点情感,只是希望从我们身上不断地索取一些东西。也许在他们当中,也有喝了点酒就与你称兄道弟的人,但那毕竟只是表面功夫,并不是出于真心。这样的朋友与我们交往时,他们所怀着的完全是一种功利性的目的,他们既不会在我们困难时向我们伸出援助之手,也不会在我们心情烦闷时为我们排忧解难。因此,对待这样的朋友,不能太过于真心,只要维持和谐的关系即可。

(1)利友。

我们所说的利友就是为着功利性目的而来的,他们无论在什么时候与我们相交,都是为了我们的财利。他们会在表面上对我们十分友好,会对我们说一些甜言蜜语，给予我们一些小恩小惠。可一旦到了最危险的时候，他们就会离我们而去，弃我们而不顾，更别说给我们提供帮助了。他们之所以在我们身边，是因为我们有可以利用的价值，一旦这样的价值没有了，他们就会离我们远去，彼此之间的朋友关系也将终结。面对这样的朋友，我们最好与之保持一定的距离，以防不小心被对方所利用了。

(2)酒肉朋友。

酒肉朋友就是指在一起只是吃喝玩乐而不干正经事的朋友，在我们日常生活中，有些人身边有很多酒肉朋友。他们只有在吃喝玩乐的时候，才会想到我们，即便是与我们交往的过程中，他也绝不带一点感情，只是想索取我们身上的东西。当你对他而言失去了索取的价值，他就会毫不客气地指责你、谩骂你。这样的朋友，并不会长久地待在我们身边，当我们身上已经没有可捞取的油水的时候，他们就会随着时间而销声匿迹。

年轻人不要过分依赖你的朋友

在日常生活中，我们总是与朋友处于一种极为亲密的关系中，一起吃饭、一起逛街、一起聊天，彼此朝夕相处、形影不离，甚至到了哪天没有见到对方，就会觉得不对劲。而且我们做任何事情，做任何决定都要征求朋友的意见，希望对方能给我们做主。其实，这都是过分依赖朋友的表现。生活和工作上给我们带来的压力，需要我们在心情烦闷、精神委靡的时候，想得到来自朋友的安慰。当然，我们需要朋友，可离不开朋友并不就意味着过分地去依赖朋友。毕竟，朋友就是朋友，在彼此的情感上都是独立的，朋友的身份并不能取代父母或异性朋友，你的过分依赖只会让对方感到厌烦。

朋友就如同冬日里的暖阳，让我们感到温暖，也让我们感受到友谊的深切。但是，当这样一种友谊变得过分强烈时，就会让人深陷其中。于是，两个朋友之间的愉快相处，以致忽视了其他人际关系的确立，他们会将其他人

排除在自己的社交圈子之外，然后越来越多的时间可以使他们待在一起。其实，朋友之间的相处，最关键的就是要避免“对朋友的过度依赖”。你需要的是学会依靠朋友，而不是完全依赖他。

小丽和娜娜一起上了同一所大学，读了同一个专业，她们是一对形影不离的好朋友。她们一起吃饭、一起睡觉、一起上课、一起泡图书馆。娜娜从小生活在父母的呵护下，因此她总是习惯地依赖自己的父母，做任何事情都是先问父母。可是上了大学了，离父母远了，即便是遇到什么事情，远在家里的父母也帮不上什么忙，于是她就渐渐地把这种依赖转移到小丽身上了。小丽个性比较独立，做什么事情都自己拿主意，这让娜娜很是羡慕。

刚开始，面对娜娜的依赖，小丽自有一种优越感，她觉得娜娜就像个小孩子，照顾好娜娜的生活让她觉得有种说不出的骄傲感。可是，时间长了，小丽就有点不耐烦了，因为她交了男朋友，她不希望自己约会的时间里接到娜娜的电话。但是，每次约会都会被娜娜一个电话破坏了全部兴致，所以有时候干脆三个人一起出去玩，这让小丽觉得心里不快，也让小丽的男朋友觉得窝火。

大二那年的情人节，小丽本来跟娜娜说好了，这个节日自己与男朋友一起过，无论发生什么事情都不要给她打电话。娜娜一口应承下来：“你就放心吧，我绝对不会麻烦你的。”于是，小丽就与男朋友一起去吃晚餐，正在两人用餐时，小丽电话响了，电话里传来娜娜的哭声：“小丽，我不小心摔倒了，你快来啊。”小丽面露难色，男朋友见状也有些不快，因为每次约会都会出现这样的情况。小丽想了想，还是赶忙去找娜娜，见到娜娜，只看到娜娜一个人坐在地上，原来只是不小心摔了一跤，膝盖擦破点儿皮，根本没有什么大碍。

娜娜对小丽的过分依赖，间接地影响了小丽与男朋友之间的关系。其实，有的小事情完全可以自己处理，自己拿主意，而不是凡事都要依赖朋友。如果你过分地依赖朋友，只会使双方的关系越来越糟糕。

我们在与朋友相处的时候，一定要保持自己的独立性，要学会自己处理事情，不能什么事情都依赖朋友；并且有意识地拓展自己的社交圈，结交一些新朋友，你就会慢慢减少自己对朋友的依赖，使朋友也有一个自由的空间。

1.不要把朋友当作拐杖

我们在与朋友交往的时候，不要过分地依赖朋友，这就需要把朋友当作军师而不是拐杖。军师只是在我们身边出谋划策，提供帮助的人；而拐杖却是我们能够站立的主要依附，没有拐杖，我们就站不起来。这就是两者之间的区别，你可以审视你自己是怎样对待朋友的建议的，你就会发现自己是否对朋友有依赖性。如果你在遇到了一些麻烦或者生活中的一些问题，而去向朋友们请教一些真诚、坦率的建议，那么你就把朋友当成了军师；如果无论是大事小事，都需要朋友来为你拿主意，而自己完全置身事外，那么你就对朋友有极大的依赖性。

一旦你发现自己对朋友有一种很强的依赖性，那就要学会自己做主，把朋友当作军师，他的任何意见对自己都是起一种参考的作用，因为即便是来自朋友的建议也有正确的或者错误的。假如你一味地听取朋友的建议，到时候事情出了差错，就会影响你与朋友之间的关系。

2.拓展你的交际圈，结交新朋友

你在朋友之间的关系中寻求某种安全感，那并没有什么错误，但是为了避免你对朋友的过分依赖，你必须有意识地拓展你的交际圈。你可以偶尔认识一些新朋友。也许，刚开始你会觉得那些新朋友就像是一个入侵者，甚至还会觉得他可能会破坏你与朋友之间的关系。其实，这都是你的一种错觉，并不是新朋友给你带来了威胁，而是变化的环境造成了这种不舒服的感觉。

很多人会觉得，每个人的感情总量是有限的，如果你对其他人表现出善意和友好，就会在一定程度上削弱了我们与朋友之间的友谊。其实，事实证明恰恰相反，新的朋友意味着新的人际关系、新的机会，这是为友谊注入生机，给我们带来全新的视角。

对朋友的情感投资是一本万利

俗话说:“在家靠父母,出外靠朋友。”我们每个人都离不开朋友,无论是在生活中,还是在工作中,每个人都会有朋友。朋友就是与我们交情深厚、彼此要好的人。我们与朋友之间的友情是一种纯洁、平凡的感情,也是坚实、永恒的感情。对于每一个人来说,你可以没有爱情,但绝对不能没有友情。当你的生活圈子里没有了朋友的相伴,那么每一天的生活都如同死水一般,没有生气也没有激情。可以伴随我们一辈子的感情,友情无疑是最珍贵的情感之一。因此,我们在日常生活中,要注重友情,多向自己的朋友“投资”,因为对朋友的投资完全就是一辈子用不完的财富。

在一次战斗中,鲍叔牙受了伤,管仲急忙为他包扎伤口。管仲看到流血的伤口,难过地说:“你是为了我才受了伤的啊!”鲍叔牙笑了笑,说:“没关系!没关系!”

有人问鲍叔牙:“对朋友,你可真是做到家了。这样做是为了什么呀?”鲍叔牙说:“我不这样做,管仲也会这样做的。我总以为,他比我有本领,有胆量,总有一天,他会干出更大的事业。”

后来,他们在齐国做了官,都是很有才华的政治家。管仲在鲍叔牙的支持下成功地进行了改革,使齐国成为当时最强大的国家。不久,管仲的官职超过了鲍叔牙。这时,一些大臣议论纷纷,替鲍叔牙抱不平。

鲍叔牙知道自己如果继续做官,可能对管仲不利,于是就毅然决定向齐桓公辞官回乡。齐桓公挽留他,说:“你是一位品德高尚的人呀!管仲就是你推荐给我的。现在为了他,你要辞官。我需要管仲,也需要你。请你留下吧。”管仲也劝鲍叔牙:“你不要走。别人议论什么,我不在乎。”第二天,鲍叔牙还是悄悄地离去了。

管仲逢人就说:“生我的是父母,而真心待我的是鲍叔牙!”

作为最亲密的朋友，鲍叔牙深知管仲的才能和为人，并一直对其真诚地帮助，丝毫不顾及自己的利益。最终，在他的强力举荐下，管仲获得了事业上的成功。他们两人之间的深厚友谊，其实源于彼此的坦诚相待、肝胆相照。

显而易见，我们都深知朋友的重要性，为了使自己能够在人生的路途上走得更顺利点，就需要对朋友进行投资，这样的投资绝对是一本万利。毕竟我们的人生不可能一帆风顺，总会遇到各种困难和挫折，而这时候，正是我们需要朋友的时候。只有朋友才会给我们真诚的问候，只有朋友才会给予我们“雪中送炭”的关怀，只有朋友才会触摸到我们心底的最深处。那么，如何对朋友进行感情投资呢？

1.真诚地关怀

我们要想获得朋友的真心相待，那就需要让朋友感受到我们真诚的关怀，意识到我们是真心对待他的。只有真诚才能换来真诚，没有什么比朋友之间的真诚更令人感动了。当朋友遭遇了什么变故或者灾难，我们一定要第一时间赶去对他进行安抚。一个人最脆弱的时候，也是情感最为至诚的时候，也是最需要朋友的时候。这时候，我们不妨为朋友带去真诚的关怀，在他危难时陪在他身边，在他心情烦闷时陪在他身边。朋友之间都是相互的，你怎么对他，他就会怎么对你。

2.增加见面的次数

很多人与朋友之间的交往，都会陷入这样一个误区：总是在自己需要帮助的时候，才想起去探望对方；只有在自己遇到烦闷的事情时，才想到给对方打个电话，倾诉一下心中的苦闷；只有在自己最脆弱的时候，才想到朋友、得到朋友的依靠。于是，你给朋友的感觉就是“只有出了什么事情，才会想到我，把我当成什么了”。真正的朋友，并不只是一片止痛药，随时拿来，随时扔掉。它更像是我们生活中不可缺少的阳光，并不在我们的控制范围之内。因此，我们在平时生活中要学会主动联系朋友，即便是没有什么事情，也可以约出来一起喝喝茶，吃吃饭，聊聊天。彼此交流一下情感，这样才会使你们之间的友情更加稳固。

3.什么时候都要记住朋友

有的人在贫困的时候,能够与朋友同甘共苦,可一旦自己有一天飞黄腾达了,就把与自己一起吃苦的朋友忘记了。甚至,当朋友去探望他时,他也会时时提防对方是不是窥探自己的钱财,或者在言语中奚落对方。通常来说,朋友既是能共甘苦,也是能同富贵的。其实,如果是真正的朋友,看见你获得了成功,那比自己成功还要高兴而根本不会心生嫉妒,或有窥探他人财富的欲望。因此,无论在什么时候都要记住自己的朋友,即便是你获得了巨大的成功,也不要忘记了与自己一起走过来的朋友。因为,如果没有他们在你的身边关心你、照顾你、支持你,你不可能获得如此巨大的成功。

别被那些喜欢"杀熟"的朋友宰

现在社会上到处流传着"杀熟",那什么是杀熟呢?人们经常所说的杀熟,就是有的人不择手段地专门欺骗熟人,专门损熟人而利己。也就是,他们在进行欺骗诈骗活动的时候,专门利用熟人、朋友之间的信任关系,运用不正当的手段来骗取钱财。"杀熟"这样的行为大大地冲击了社会伦理规范底线,动摇并瓦解了人际的信任关系,使社会信任陷入危机。有时候,恰恰是我们身边最亲密的朋友,反倒伤害我们最深。所以,我们在与朋友进行交往时,要善于观察对方的言行举止,小心被爱"杀熟"的朋友宰。

老王是一位退休干部,整日在家里弄一些花花草草,日子倒也很清闲。可是,前不久,却偶然听说老王被骗了20几万元,那几乎是老王家里所有的积蓄,这可把老王急坏了,儿子女儿也都回来了,安慰老王:"钱没了可以再赚,只要你健健康康就好。"

在儿子女儿们的追问之下才知道事情的来龙去脉,原来年前老王老家的兄弟给老王介绍了一个朋友,说那位朋友是在一个投资公司上班,如果能够借一笔钱给他投资,他一定会连本带利的归还,并且许诺给老王高于银行的利息。善良单纯的老王凭着对自家兄弟的信任，而对方又是亲戚的朋友，就答应了下来，当即借出了5万元。此后，那人又频频增加借贷金额，短短两个月就从老王那里借走了20万元，这时候老王才发现事情有些不对劲，赶忙报了警。

可是，由于借款人为老王出具了正规的借条，并且他所提供的身份证明也是真实的，所以在法律上并不构成诈骗。后来，老王的儿女们辗转了好几个地方分别报案，直到后来借款人另外的债主把他告上了法庭，那个因赌博把巨款挥霍一空的人才被绳之以法。但又有什么用呢？他赌博把所有财产都搭进去了，老王的钱是要不回来了。老王闻讯钱都要不回来的时候，伤心得昏了过去。

据统计，在许多的犯罪案例中，有很多都是熟人所为，也就是所谓的“杀熟”。在我们实际生活中，都会过分地相信身边的熟人、朋友。当我们对熟人建立了强大的信任感以后，再加上对方的无耻，这样就使得“杀熟”轻而易举地得手。可有的人在被熟人反复欺骗之后，还是执迷不悟，甚至被熟人宰了，还对其感激不尽，可以说完全是“自己被卖了还帮着别人数钱”的愚蠢行为。面对与我们有着亲密关系的朋友，我们更应该清楚地了解对方的为人，以免自己不小心上当受骗。

“杀熟”之所以能够得逞，根本上利用的就是熟人、朋友之间的一种信任关系。因此，在很多时候，我们并不能因为对朋友的信任，就相信他所说的一切，并愿意为其提供帮助。其实，正因为对朋友有所信任，所以你更应该清楚地判断事情的性质，要小心提防那些“杀熟”的朋友。

1.敢于把话说出口

有时候，你可能会对某位朋友表示怀疑，但你又苦于没有足够的证据，更害怕说出口之后会令彼此之间的关系破裂。其实，一旦你发现他身上有值得怀疑的部分，不管你们之间的关系有多密切，都要敢于把话说出口。如果你的朋友真的打算欺骗你，那你这样说出来，其实就是一种警告的作用，让他知道你不是这么好骗的，让对方彻底放弃。

2.反复提醒对方

有时候，对方是想通过向你借大笔钱财而想办法逃避，这时候，你就不

要怕啰唆,对他进行反复提醒。当然,如果朋友真的是有难处,并且给你说了具体的还钱日期,那就不用自己去反复提醒对方还钱。而对于有些不信守承诺,甚至每一次都拖延还钱的日期,这时候你就要经常提醒对方,千万不要因为自己难以启齿而不了了之。

3.有时候,不惜撕破脸皮

有时候,在我们身边有这样的朋友,他总是想方设法地来欺骗你,当你有所察觉而不会上当的时候,他还是不愿意放弃。甚至变本加厉地说:"你真不够意思,这点小忙都不帮"或者"你真是忘恩负义,亏我拿你当朋友"。那么,这样的人根本就不值得你继续交往下去,不如撕破脸皮反而更有利于使自己摆脱困境。

关系亲密,也要"有间"

有的人认为,既然朋友之间是无话不谈,那么自己对朋友也没有什么好保留的。于是,他们就在聊天的时候,想增加朋友之间的亲密度,把自己的所有隐秘的事情都给朋友说了。其实,即便是最亲密的朋友,也不要凡事都告诉对方,给自己一片自由的空间,毕竟那才是最安全的。在更多时候,正因为朋友之间保留了一部分,才会使彼此的关系更加的稳固,使彼此的交往更具有吸引力。

对于我们每一个人,都有自己的隐私、生活圈子,还有一些不为人知的个人经历,难以启齿的话语,这些都是需要我们自己保留的,只铭记在心里,而不是把这些作为朋友之间的谈论话题。如果你毫无保留地告诉朋友,只会让朋友觉得"你是个傻瓜",或者对方根本就对你的这些隐秘的事情不感兴趣。最为关键的一点,那就是万一你的朋友是个当面一套、背后一套的人呢?经过他的嘴巴把你的那些最为隐秘的事情,弄得满城尽知,到时候丢失颜面的只会是自己。而且你在与朋友交往的时候,并不能确保你们之间就能一直维持和谐的关系,不会出现任何矛盾。一旦你们之间有了矛盾,那就会激起对方的报复之心,把你的那些秘密抖搂出去,那时候追悔莫及就晚了。

1.尊重朋友的隐私

朋友之间最重要的就是互相尊重,不仅仅是尊重朋友,更需要尊重朋友的隐私。即便是你最好的朋友,也会有意无意地伤害到你,因此,朋友之间需要保留自己的那份自由天地,需要为自己保留,更需要为朋友留一个自由的空间。

小李个性比较外向,喜欢张扬自己,和关系不错的朋友聊天,聊得愉快了,就喜欢拿朋友的隐私和其他的朋友分享。

当她刚开始踏进社会的时候,进了一家广告策划公司,居然遇到了比自己大一届的学长,虽然在学校都没有见过面,但是相同的专业让他们觉得很亲切。她与学长特别聊得来,学长为了帮助她尽快进入员工的角色,经常关心她的生活,督促她的工作情况。为了提高小李的工作进度,他还经常在下班之后留下来,耐心地为小李讲那些工作流程,细心地纠正她在工作中出现的错误。可是,当学长偶然听说,小李把他们的聊天内容说给了其他朋友听后,他便不再和小李聊天,只是偶尔淡淡地问候。

直到现在,虽然小李看见学长还能亲切地叫一声,但是总是感觉他们之间的距离越来越远,再也回不到从前。小李很后悔当初自己的行为,没有很好地尊重学长,破坏了彼此之间的关系。

我们在与朋友交往的时候,需要表现出对他人的充分尊重。这样的尊重不仅仅是尊重朋友之间的情谊,更重要的是尊重其隐私,无论对方与你谈论了些什么,都要视为是你们之间的秘密,是不可以随便向其他人说的。因为每个人的心灵都是比较娇气的,有时候你无意的一句话,无意表现出来的一个动作就会伤害到对方,进而影响双方之间的关系。

2.保持朋友之间的弹性美

在日常人际交往中,人与人之间都存在着一定的心理距离,正是有这样一种距离,才使得我们的人际交往更为顺利。朋友之间也是需要保持一定距离的,既要有距离又要保持一定的弹性。只有保持朋友之间的这种弹性美,才能使双方之间的友谊更加的长久。

如何来保持朋友之间的弹性美？这就需要我们从两个方面做起，一方面需要我们正视与朋友之间的关系，真正的朋友之间既不是施舍，也不是同情，而是一种绝对的信任和真诚。另一方面，我们需要与朋友之间保持一定的距离，不要凡事都干涉对方，不要主观地认为自己永远是对的，每个人都有自己的想法，我们也没有资格强求对方按照自己的意图办事。

应对对手：化敌为友让对手变为朋友

我们处在一个竞争异常激烈的社会，似乎我们生活的每一个角落都充斥着竞争。因此，大量的竞争对手也活跃在我们的身边，并且每天与我们作着各种各样的较量。其实，处于这样一个竞争的社会，如果没有对手，那岂不是很寂寞？当我们处于一个相对比较安稳的环境时，如果出现一个强劲的对手，就会让我们随时有种危机四伏的感觉，有了对手的存在更能激发我们的精神和斗志。当然，我们与对手过招，要能够听得懂对方所说的场面话，也要清楚什么是“话里有话”，千万不要被对方话语里的弦外之音所伤。而与对手相处最佳的办法，就是从容地掌控其心理，让对手变为朋友，因为少了一个对手，就等于多了一个朋友。

少一个对手，就多一个朋友

我们身边总是存在着对手，在很多人看来，对手是站立在我们相对立的一面，因此，自然而然就把对手当作敌人。其实，这样的想法是错误的，在更多时候，对手远没有那些虚伪卑鄙的小人可憎，对手是一开始就向我们宣战，并且竞争的手段也是相对正当的。我们对待对手最恰当的办法，那就是学会洞察其心理，把对手变为朋友。这样一来，在我们的身边，就会少了一个对手，多了一个朋友。

赵王看重蔺相如，气坏了赵国的大将军廉颇。他想："我为赵国拼命打仗，功劳难道不如蔺相如吗？蔺相如光凭一张嘴，有什么了不起的本领，地位倒比我还高！我要是碰着蔺相如，要当面给他点儿难堪，看他能把我怎么样！"

廉颇的这些话传到了蔺相如耳朵里。蔺相如立刻吩咐他手下的人，叫他们以后遇到廉颇手下的人，千万要让着点儿，不要和他们争吵。他自己坐车出门，只要听说廉颇打前面来了，就叫马车夫把车子赶到小巷子里，等廉颇过去了再走。

蔺相如手下的人受不了这个气，蔺相如心平气和地问他们："廉将军跟秦王相比，哪一个厉害呢？"大伙儿说："那当然是秦王厉害。"蔺相如说："对呀！我见了秦王都不怕，难道还怕廉将军吗？要知道，秦国现在不敢来打赵国，就是因为国内文官武将一条心。我们两人好比是两只老虎，两只老虎要是打起架来，不免有一只要受伤，甚至死掉，这就给秦国造成了进攻赵国的好机会。你们想想，国家的事儿要紧，还是私人的面子要紧？"

有人把蔺相如的这番话传给廉颇听，廉颇感到十分惭愧。他脱掉一只袖子，露着肩膀，背了一根荆条，直奔蔺相如家。蔺相如连忙出来迎接廉颇。廉颇对着蔺相如跪了下来，双手捧着荆条，请蔺相如鞭打自己："我是个粗鲁人，见识少，气量窄。哪儿知道您竟这么容让我，我实在没脸来见您。请您责打我吧。”蔺相如把荆条扔在地上，急忙用双手扶起廉颇，给他穿好衣服，拉着他的手请他坐下，说：“咱们两个人都是赵国的大臣。将军能体谅我，我已经万分感激了，怎么还来给我赔礼呢。”

两个人都激动得流下了眼泪，蔺相如和廉颇从此成了很要好的朋友。这两个人一文一武，同心协力为国家办事，秦国因此更不敢欺侮赵国了。

蔺相如并没有因为廉颇对自己的无礼就想方设法地陷害于他，而是以自己宽广的胸怀赢得了廉颇的好感。这样，本来是相互对立的两个人就成了朋友，彼此一文一武，同心协力为国家效力。

在很多地方，我们都发现这样一个有趣的现象，那就是很多类似的店面居然隔壁相伴成为邻居了。比如，麦当劳与肯德基都是比邻而居，彼此挨得很近，却很少见两家相互诋毁，而是公平合理地竞争，从而形成两家的合纵连横之势。从表面上看起来，商家似乎很愚蠢，把自己的店面开在对手店面的隔壁，这无疑是自毁销路。可是，从深层来看，我们就不难发现，正因为挨着如此之近，才能够有效地掌控对方更详细的信息，把对手变为朋友，形成合纵连横之势，平分整个市场。这对于竞争的双方，无疑都是一件美事。

1.对手的存在，增加我们的危机意识

俗话说：“生于忧患，死于安乐。”如果在我们身边有一个强劲的对手，那么就会让我们时刻有种危机感，有种紧迫感，有种压力感，有了压力就会有动力，就会进一步激发我们更加旺盛的精神和斗志。因此，与其把对手看做敌人，不如把对手当做朋友，善待自己的对手，给自己也找一个更加努力的理由，能让我们在忧患中生存，在竞争中强大。

一个人如果没有对手，他就会甘于平庸，甚至养成一种懒惰的习惯，最终只是一个庸碌无为的人。很多人把对手视为自己的敌人，视为自己的心腹大患，是眼中钉、肉中刺，恨不得马上把对方给拔除了。其实，你反过来仔细地想一想，你就会发现有一个对手，那是自己的福分，更是一种造化。实际上，我们最大的对手就是我们自己，而身边对手的存在，只是为了激发出我们潜在的能力，使我们迅速地获得成功。因此，善待我们的对手，把他变成我们的朋友，让我们在对手相伴的路途中越来越强大。

2.在某种程度上,对手是我们的知音

在我们的人生路途中,对手之所以能够与我们相伴,那是因为我们有着共同的理想和共同的追求。其实,对手并不是我们的敌人,他甚至可以成为我们的知音,我们的伙伴,我们是因为共同的目标而相识相知,又是因为同一个目标而竞争。在很多的时候,对手比我们的朋友更了解我们,因为如果不是对我们很了解,他也不会成为我们的对手。假设你与对手针锋相对,那只能使自己走向狭隘,不如敞开自己的胸襟,拥抱对手,展现自己自信自尊的风度。

在争夺资源、市场、利益的社会竞争中,如果我们把对手赶尽杀绝,彻底地消灭他们,并不能使自己获得多大的利益。其实,最好的办法不是消灭对手,而是把他们变成朋友。与其与他们展开生与死的搏斗,还不如化敌为友,给予对方帮助,联合对方,也不失为明智之举。

“场面话”能让你获得更多信息

在我们身边,那些各种各样的场面话充斥于生活的每一个角落。中国人一向是注重礼仪的,而当我们在面对我们的竞争对手时,为了寻求双方之间关系的和谐发展,就会不由自主地多了很多场面话。因此,在我们的人际交往中,要学会听懂对手所说的场面话。这其中可以透露出关于对手的很多信息。

我们总是在上班之前问候一声“你好,今天挺早啊?”也会在下班之后,问候一句“今天工作怎么样?忙吗?”这些看起来不愠不火的话语,就是场面话。虽然它并没有什么实质性的意义,但是却可以透露出点点信息,比如同事借着问候问你的工作情况,其实也是小心地试探你的工作。但是在绝大多数时候,它的存在只是为了客气,显示出彼此的疏离关系。但是,我们在人际交往中却不可缺少它,因为这就是交际规则,是我们习惯而成的一种语言,与我们的关系极为密切,就如同我们每天都需要休息、吃饭那样成为我们生活中的习惯。

在某公司一次会议的中场休息之后,很多人没有准时到达会场。总经理已经准备开始讲话,但看到会场稀稀拉拉没有什么人,不禁面露不悦。随后从会场外面进来的员工看到气氛不大对,都没有作声而是默默地回到自己的座位上,空气显得十分凝重。

到最后,只有一个中层经理还没有进会场,可是,就在总经理准备批评大家开会不准时的时候。她人未到但是声先到,“哎呀呀,卫生间的队好长啊。总经理,你怎么雇了这么多女人啊!”一句话把整个会场的人都逗乐了,总经理也不禁笑了起来。

对于很多领导者来说,当然不需要挖空心思来设计机灵的场面话,但是对于每一个下属来说就不同了。在更多时候,你在某些场面上反应是否机敏,直接关系着自己职场生涯的发展。

我们在与人交往中,如何来听懂那些场面话?其实,这都是需要分析具体的语境的,比如,双方之间交谈的时间、环境、相关的人和事,还有自己与谈话者的亲疏关系。一般而言,在竞争对手之间往往存在着场面话,这是由于双方之间既不亲密也不疏远的关系。因此,场面话作为双方之间的交流载体,是再合适不过了。就像有很多人最讨厌别人说“什么时候一起喝茶吧”,并且认为这种场面话的邀请方式是中国式的虚伪。但是,如果你不懂得加以判断,就会把这个连全天下都知道的假话当真。当别人脱口而出“什么时候一起喝茶吧”时,你居然应了一句“下周五好不好?去哪里喝?”这时候,对方就会露出一个毫无准备的诧异表情。

有一次,小李去参加一个宴会。正在他一个人端着酒杯喝酒时,有个商人模样的人过来和他打招呼。小李马上放下了手中的酒杯,亲切地与他握手,那位商人笑着问小李:“你的手为什么是冰冷的?”小李彬彬有礼地笑道:“但是我的心是热的。”话一说完,两人都不禁大笑了起来。

其实那位随意搭讪的商人并不关心小李的手为什么是冰冷的,而这场面话并不具有什么实质性的意义,不过是两个陌生人找个话题混个脸熟而已,什么话可以博个笑脸,就讲什么话。

或许,在我们日常交际中,就存在着这样一个情况,那就是虽然我们电

话簿里的名字越来越多,但真正无话不谈的朋友还是那么几个,绝大多数只是场面上的朋友。既然是场面上的朋友,我们所说的就是场面话,除了"你好"就是"再见",有时候还需要我们周旋几句。因此,这就需要我们与人交流时,清楚地判断出是否是场面话,以免使双方陷入到尴尬的境地之中。

年轻人要懂得听出"话里话"

为了能够在语言上与竞争对手进行有效地沟通,有时候需要我们能够听出对方的话里有话。通常我们所说的话里有话就是指一句话除了表达它的本意之外,还含着别的意思,而说话者真正想表达的意思就是那话里所含的别的意思。如果我们在进行言语交流的时候,不能及时地发现话里有话,就只会受到对方的奚落、嘲讽,甚至自己还一无所知。因此,懂得什么是话里有话,是我们在谈话过程中占据主导位置的前提。

一般而言,话里有话的言语表达方式主要是借助文字的多义性。比如,我们常见的多音字、正义词、反义词都是一字多意、一词多义,它们能够表达出话里有话的效果。而我们经常所说的正话反说,反话正说,都是运用了这一言语表达技巧。又比如,前段时间很风靡的一句话"做人要厚道",这实际上是在骂别人不厚道,表面无歧义,但骂你却骂到了骨子里,让你满地找牙之后还得微笑着往肚子里咽。这就是话里有话的表达效果,因此,为了避免在言语交流中受到他人的言语攻击,我们必须懂得什么是话里有话,更要有效地利用这一歧义来为自己赢得交谈中的主导权。

最近公司调来一个新员工,谁知他第一天上班就迟到了五分钟,中午早五分钟离开单位去吃饭,下班铃声前的十分钟,他已准备好下班了,第二天也一样,这样的早退、无纪律整整持续了两周。

部门王经理对新员工的迟到早退置若罔闻,平时依然微笑着打招呼,对其中午提早去吃饭也从未有异议,同事小刘不禁有些羡慕:"你的面子真大啊! 连经理都给你面子,你可是第一个早退而没有受到批评的人,简直是史无前例。”小刘的一番话使得新员工心里觉得有些过意不去。

他在心里想,王经理怎么从来不批评自己呢?于是,他终于决定在第三周周一准时上班,到了公司门口正碰上刚下车的王经理,王经理有些惊讶:“谢谢你今天能够准时上班,我一直期待这一天。你虽然工作上有点成绩,但是为了自己的前途你更应该遵守纪律,认真努力。”王经理说完拍拍他的肩膀就进公司去了,他呆呆地站在那里,随后进来的小刘说:“哟,今天太阳打西边出来了,你今天一定有特别要紧的事情吧?”

同事小刘两次对新同事的冷嘲热讽都是话里有话,第一次表面上看是夸新同事受领导的恩宠,其实是暗骂新同事不懂规矩,不遵守纪律;第二次表面上看是说天气状况,其实是想奚落新同事终于准时上班了,语气中多有不屑的意味。

那么,我们在与对手进行言语交流时,如何判断出对方话里有话呢?这就需要我们找出话语背后的潜台词,清楚地了解对方心里在想什么。这样才能够清楚地知道对手的真实意图,进而能够灵活地应对。

1.找出话语背后的潜台词

一般来说,那些话里有话的言辞里总是隐藏着一定的潜台词。换句话说,就是对方表面上表达的是这个意思,但是其实表达出来的是隐藏的意思,而我们就是要找出那些话语真正的含义。比如,你经常在外应酬很晚才回家,突然有一天你回家早了,你的他会说“怎么今天这样早呀”、“今天太阳从西边出来了呀”,等等。表面上他们是觉得你回来得比较早,但是他们的潜台词就是“天天在外面应酬,怎么今天不在外面应酬呢?”这样的话里有话都是对特定的对象,当然,夫妻之间最好少用这样的谈话方式。

2.了解对手心里在想什么

当我们找到了话语背后的潜台词,就会自然而然地了解对手心里在想什么,他这样说话想表达的真实意图是什么。比如,最近你在公司职位得到了晋升,你的同事向你祝贺:“你真是非常厉害,才来了短短两个月,居然就认识了公司老总,我怎么没有这么好的机会呢?”我们在他的话语中不难发现,他所想表达的意思就是:“你有什么好了不起的,只不过是靠关系爬上去。”语气里尽是不屑的意味,但是却又满含嫉妒。面对这样的同事,不要与之计较，最好的办法就是置之不理，随便他怎么说，“身正不怕影子斜”。

当然，如何听出话里有话？这其实是一件相当困难的事情，需要你能够把对方的话语与整个事情的发展经过、前因后果都联系起来。我们还需要了解对方的知识、社会阅历、经验，等等，只有对当时的事件、环境、说话者有了全方位的认识，你才能判断出话语背后的潜台词。而且，这样一种认识能力的提高是伴随着我们知识的加深，社会阅历、经验的丰富，逐渐地你就会发现能够迅速地判断出对方话语里的潜台词，知道对方心里真正在想什么。久炼出真金，有一个提高自己认识的办法，那就是当你听到别人那些话里有话的话之后，你也可以学着试着说说，自己感受一下具体的语境，就能够慢慢提高自己的认识能力了。

善加诱导，了解对方的真心

通常情况下，我们与对手之间的关系是一种竞争的关系。所以，在很多时候，我们只知道彼此是相对立的双方，却不愿意进行心灵上的沟通，甚至不敢进行任何语言的交流。这主要是由于竞争的双方都将对方视为自己的对手，谁会在对手面前展示自我呢？那无疑是自取灭亡，因此他们唯恐自己在对手面前暴露了自己的真心，害怕对方摸到了自己的软肋，从而失去了夺取成功的机会。面对有着戒备心理的对手，我们需要诱导对方暴露其真心。

当然，如何能够成功地诱导对方，使其在我们面前暴露真心呢？这不仅仅是需要讲究方法，更需要我们去掌握一些策略。你可以利用同感来诱导对方暴露真心，你可以适当暴露自己的弱点来打开对方的心扉，你也可以利用甜蜜的语言攻势来使对方暴露出真心。下面我们就这几种常见的方法作简单的介绍。

1.利用同感来打开对手的内心世界

韩非子认为，掌控对方的心理，不需要你有多么渊博的知识，而是能够打开对方的内心世界。每个人的心理都是十分微妙的，即便是同样一句话也会因为对方的情绪变化而得到不同的理解,因此,只有有效地读懂对方的内心才能掌控其情绪的变化。我们的对手是拒绝向我们打开内心世界的,这就需要我们掌握可行的办法,那就是让对手对我们有种认同感,否则还会引起对手的愤怒情绪。

小李和小王在同一个部门上班,双方的工作能力都很突出,也很受上司的喜爱。最近,公司进行新一轮人事变动,他们所在的部门准备提携一位有能力的员工来担任部门助理。面对这一职位,小李和小王都很想自己能够胜任,于是他们在工作中不禁出现了你追我赶的局面。

有一次,面对领导下达的紧急任务,小李毫不犹豫地接了下来。但由于求功心切,造成对整个业务认识上有所偏差,导致了整个工作任务的失败。小李看着自己的工作报告,心灰意冷,觉得自己完全没有希望去竞争那个助理职位了。看着颓废的小李,小王并没有对其进行冷嘲热讽,而是亲切地安慰:“你就别多想了,兴许是我接下这项任务,完成得还不如你呢。我觉得你方法都挺不错的,看来我得向你学习。”小李听了小王的话笑了,之后两人对该工作任务进行了细致的讨论,并且达成了一致的共识。

要想有效地打开对手的内心世界,那就应该先进入到对手的内心世界并使其产生心理动摇。当你对他内心“入侵”的程度超过了一定的程度,一般人都会产生心理动摇。比如,当对手遭遇了挫折或者不言不语,你可以向对手表示你十分同情他的处境,但是要注意你所表达的感情是真挚的,不能有一丝一毫的轻视、奚落、嘲讽意味。你甚至可以站在对手的角度,帮忙分析事情的发展,你可以告诉对手:“要是我们遇到了这样的情况,一定反应不如你,可能会更加的悲惨。”这样对手就会担心自己如果再保持沉默就会被你误解,从而会与你展开交谈。

2.适当暴露自己的弱点

面对竞争对手,你也可以适当暴露自己的弱点,以此来拉近彼此之间的距离。每个人在面对自己的竞争对手时,都有一种如临大敌的感觉。他们总认为对手都是有一定能力的,既然能够做自己的竞争对手,那自然是不容小视的。所以,在这样一种心境下,如果我们能够自暴弱点给对手,那无疑会消减他的敌意,增加其自信心,使他紧张的情绪得以放松。这样他们在我们面前就能够畅所欲言,暴露其真心了。

自暴弱点来拉近彼此双方之间的距离,这是很多领导在管理下属时使用的有效方法。在我们对手面前同样也可以使用,比如,你在刚进公司的时候,面对公司的同事做自我介绍,你可以这样说:"我是新来乍到,很多地方都还不懂,希望在今后的工作中能够得到大家的帮助。"或者你可以说:"我这人平时不怎么会说话,也说不来好听的话,以后还要向大家多多学习。"适当暴露出自己的弱点,又持着一种谦虚的态度,叫对手很难不对你敞开心扉。

一般而言,成功地诱导对手暴露其真心,这并不是一件很容易的事情。每个人在面对他人的时候,都有一种防备心理,更何况是竞争对手。因此,你在诱导对手暴露真心的时候,千万要注意运用恰当的方法,否则只会激怒对方,使双方的矛盾加剧。

留个心眼,别被"弦外之音"所伤

在我们与竞争对手的交往中,总会免不了与对手言语上的交流。这样的一种语言交流无疑是一场没有硝烟的战争,彼此都是心照不宣,但为了保持一种良好的风度,却又不便直接表露出来。于是,那些看似平静的言辞之中,往往隐藏着刺儿。如果你稍有不慎,就会被对方的弦外之音所伤害,使自己处于一个被动的境地。

当吕不韦命令人编撰好了《吕氏春秋》时,他召集了包括李斯在内的很多人举行了一次盛大的聚会。在一片笑容之海中,吕不韦慷慨言道:"东方六国,兵强不如我秦,法治不如我秦,民富不如我秦,而素以文化轻视我秦,讥笑我秦为弃礼义而上首功之国。本相自执政以来,无日不深引为恨。今《吕氏春秋》编成,驰传诸侯,广布天下,看东方六国还有何话说。"字字掷地有声,百官齐齐喝彩。

之后,吕不韦召士人出来答谢,吕不韦也坦然承认,这些士人是《吕氏春秋》的真正作者。李斯发现那些士人精神饱满，神态倨傲，浑不以满殿的高官贵爵为意。在他们身上，似乎有着直挺的脊梁，血性的张狂。当时的《吕氏春秋》中记载："当理不避其难，临患忘利，遗生行义，视死如归。""国君不得而友，天子不得而臣。大者定天下，其次定一国。""义不臣乎天子，不友乎诸侯，得意则不惭为人君，不得意则不肯为人臣。"

李斯看着那些强悍的将士，聪明的他猜出了吕不韦的弦外之音，那就是哪怕有一天我吕不韦失去了天下，但是只要有这些英勇的将士，谁也别想轻视我。如果你想和我作对，还是需要好好考虑再作打算吧。于是，李斯当即陷入了沉默，不再言语。

《南史·范晔传》："吾于音乐，听功不及自挥，但所精非雅声为可恨，然至于一绝处，亦复何异邪。其中体趣，言之不可尽。弦外之意，虚响之音，不知所从而来。"通常情况下，那些隐藏在话语里的弦外之音是不会轻易地被发现的，它只是从话里间接地透露出来，而不是清楚地说出来。这就需要我们在与对方进行语言交流时，仔细揣摩其话语里的弦外之音，只有清楚对方想表达的真实意图是什么，才能够避免被对方的话语所伤害。

1.辨别出对方的真实意图

我们在与对方进行交谈时，需要认真地倾听对方话语里的每一个字，每一句话，为了能够清楚地辨别出对方的真实意图，我们必须首先要辨别出对方的弦外之音。在交谈过程中，不要马虎大意，不能认为对方的微笑就是赞赏，点头就是认同。在很多时候，那些不注意倾听对方话语的人，就有可能会认为对方是在对自己进行赞赏，反而露出很兴奋的表情，这只会让对方心里感到窃喜。我们要从其言语透露出来的信息，去捕捉弦外之音，弄清楚对方真实的意图，才能够及时应对。

2.忽视其弦外之音，或者进行回击

有时候，对方在大家都兴致很浓的时候，突然插入一句话，表面上看没有什么，但是却深藏奥妙。这时候，你不妨宽容一下，对对方的弦外之音报以微笑，或者沉默，或者迅速转换话题。总之，你所做的一切就是告诉对方你故意忽视了他所表达出来的意思，让对方想伤害你的意图落空。

在第一次世界大战爆发前不久，来自美国的女权主义者南希·阿斯特

到布雷尼宫拜访，身为英国首相的丘吉尔热情地接待了她。

在两人的交谈中，阿斯特一个劲儿地谈论妇女权力问题，并恳切希望丘吉尔能帮助她成为第一位进入众议院的女议员。

丘吉尔当即嘲笑了她的这一想法，也表示出自己不同意她的这一观点，丘吉尔如此直接的拒绝回应，使那位夫人大为恼火。她对他说："如果我是您的妻子，我会在您的咖啡里下毒药的。"丘吉尔温柔地看着她说："如果我是你的丈夫，我就会毫不犹豫地把它喝下去！"

丘吉尔巧借弦外之音，既针锋相对，又有力地反击了对方，化解了尴尬的局面。这样既没有使自己失去尊严，又很好地考虑到了对方的感受，的确是一个最佳的方法。

如果是面对言辞犀利的对手，你不妨采用一些方法进行回击。当然，这也需要掌握一些语言上的技巧，或者是话里有话地答复对方，或者是用自嘲的方式来使自己摆脱困境。你在措辞的时候，一定要注意即便是回击也要不着痕迹，不要伤害到对方，在对方面前，你应该保持一个对手应该有的胸怀和气度。

年轻人多点宽容，得饶人处且饶人

很多人把对手视为眼中钉、肉中刺，恨不得把对方赶尽杀绝，使之消失殆尽，这样的做法虽然可以在一定程度上消减内心的愤怒情绪，但是更多的时候，只会增加竞争双方的仇视情绪，使双方之间的竞争开始恶化，这对双方来说都是极为不利的。古人云："冤冤相报何时了，得饶人处且饶人。"我们在面对我们的竞争对手时，更要学会宽容，以宽广的胸怀去面对，给竞争对手一个台阶下，给对方一条后路。这是做人的一种美德，也是对对手的一种仁慈，一种善待。

1992 年 11 月美国总统选举揭晓，克林顿当选为总统。当晚，当选为总统的克林顿就在竞选总部前面对他的支持者们发表了即席演说。在演说中，虽然克林顿与布什在昨天还是政敌，还在互相唇枪舌剑、互相攻击，但是克林顿并没有对落选的布什表现出任何的奚落、嘲讽，反而言辞恳切地对布什提出感谢，感谢布什从一名战士到一位美国总统期间作出的出色成绩。

克林顿刚刚结束了即席演说，就接到了远在他乡的布什的祝贺。布什首先恭贺克林顿当选了总统之位，成功地完成了一场强有力的竞选，并带着调侃的语调告诫克林顿："白宫是个累人的地方。"最后，布什亲自表示自己与白宫各级人士将全力以赴地与其合作，顺利完成交接工作。

克林顿那一番言辞恳切的即席演说，无疑体面地为布什找了个台阶下，保全了布什的面子，也使自己赢得了布什的尊重。

其实，我们在与对手的竞争之中，要明白我们的对手与我们担负的使命是一样的，都是为了完成共同的目标，取得成功。竞争双方的价值都是互相衡量的，如果你比较强大，那么能成为你的对手，也差不到哪里去。双方都是在一个平衡的天平之上，互相验证着对方的价值所在。在更多的时候，给予对手尊严，是一种宽容，一种豁达胸怀的体现，会赢得对手的尊重；是一种处世技巧，给对方后路的同时也是为自己留了一条后路；更是一种忍让，以求获得自己更大的生存空间。

1.退一步海阔天空

俗话说："忍一时风平浪静，退一步海阔天空。"我们对对手不能赶尽杀绝，不给对方一点尊严，不给对方留后路，这是把对方推进了一条死胡同。人与人之间的交往，忍让是一种美德，不仅是对对手的一种仁慈，也是对自己的帮助。退一步海阔天空，这也给自己留了更大的生存空间，以谋求更多的成功机会。

荀子曾说："君子贤而能容罢，知而能容愚，博而能容浅，粹而能容杂。"君子之所以为君子，是因为心胸宽广，心怀宽容。正是由于有了"退一步海阔天空"的胸怀，当曹操一把火烧了那些将士的忠信表，其实是饶恕了他们的过错；李世民不计前嫌，重新重用了太子的旧臣魏徵，也是一种宽容；闵子骞不追究恩怨，毅然下跪为后母求情。我们说话做事，固然应该坚守内心的原则，尊重心灵深处的需求，但是，如果你能够大量地作出退让，这不仅不是懦弱的表现，反而是一种不拘小节的潇洒。

2.赢得对手的尊重,多了一个朋友

我们与对手之间都在互相体现着对方的生命价值,我们有多强大,对手就有多强大。因此,如果你能够赢得对手的尊重,那无疑会对化解对方的敌意有很大的帮助。当你赢得了对手的尊重,你在对手心中就有了更多的分量。他会忘记对你的成见,对你的成功表现出真心的祝贺,对你后面的路途他也会递上真挚的祝福,甚至提出告诫与警示。这对于我们而言,也有了很大的帮助。

当我们在对手危难之时,伸出援助之手,给对方一个面子,给对方一条后路,就会无形中消减对方对我们的愤怒,进而产生一种好感,变成你的伙伴。即便是面对对手,我们也要有一颗仁慈之心,才能够有效地化敌为友,使我们的人生路途,多一个朋友,少一个对手。

3.给对方一条后路,也是给自己留一条后路

在我们日常生活中,无论是说话做事,我们都要学会为自己留一条后路。这就决定了我们在说话时不能把话说得太绝对,也不能把事情做得太绝对了。当对方没有后退的路时,你不妨适当地作出让步,给对方一个台阶下。这在表面上看是给对方一个机会,其实也是给自己一个生存的机会。

一般而言,如果你将对方赶尽杀绝,毫不留情,那只会让对方更加的愤恨,对你更加的不满,你无疑是为自己树了一个大敌。毕竟能成为你对手的,他的分量肯定不容小视。换句话说,这也是间接地把自己推进了一个死胡同,没有任何退路的绝境。那么,与其使自己陷入被动地位,还不如自己把握好主动位置,给对方一条后路,也算是给自己留一条后路。

拉近关系：三言两语快速结识陌生人

每天，我们都会结识很多陌生人，而且与他们有或多或少的来往，他们之中的某些人，有的即将成为我们的莫逆之交，也有的只是我们人生路途中的过客。即便是与我们朝夕相处的朋友、同事、上司，我们在最初认识的时候，都只是陌生人。当然，无论是什么样交情的人，都是由陌生到熟悉认识的，这就需要我们运用好应对陌生人的攻心术，才能够快速地越过陌生这道坎，赢得陌生人的友谊。那么，我们在与陌生人相处的时候，千万不要忽视一个招呼的作用，这样可以消除双方之间的陌生感；你可以找一个让人一见如故的好话题，让双方可以进行愉快的交谈。但是，你在不了解对方之前千万不要轻易开玩笑，即便是要恭维对方，也要有个限度，还要对陌生人多留个心眼。只要你运用好这些交际技巧，就一定能够快速摸透陌生人的心理，进而建立良好的人际关系。

一个简单的招呼是认识陌生人的开始

在我们每天的人际交往中,都在频繁地与人打招呼,招呼表示一种问候,一种礼貌,一种热情。千万不要忽视了一个招呼的作用,一个小小的招呼就是我们人际交往中的润滑剂。对同事的一个招呼,可以有效地化解彼此之间的敌意;对朋友的一个招呼,可以唤起双方之间深厚的友谊;对陌生人的一个招呼,可以减少彼此之间的陌生感。总而言之,一个招呼可以使人与人之间的关系更加的和谐、融洽。特别是我们在与陌生人的交往中,恰到好处的一个招呼是必不可少的。

《塔木德》上说:"请保持你的礼貌和热情,不管对上帝,对你的朋友,还是对你的敌人。"如果你能够奉行这一原则,就会在复杂的人际交往中获益匪浅。有时候,仅仅是一个看似不经意的招呼,也会加深你在陌生人心中的印象,会增加陌生人对你的好感。你们之间的关系常常在这种不经意间变得更加密切,而对你赢得陌生人的友谊也有很大的帮助。

在1930年,西蒙·史佩拉传教士每天都会在乡村的小路上散步,而且时间很长。当他一个人漫步在那条小路上,无论碰见谁,他都会友好地向他们打声招呼。其中,在小镇边缘的一个田庄里有一个叫米勒的人,米勒显得很冷漠。但西蒙·史佩拉传教士每天经过时都看到米勒在田间辛勤地劳作。他都会热情地向他打个招呼:"早安,米勒先生。"

当史佩拉第一次向米勒道早安时,米勒根本没有理睬,只是转过身子,看起来就像一块又臭又硬的石头。在这个小镇里,犹太人与当地居民相处得并不好,更不可能把这种关系提升到朋友的程度。不过,这并没有妨碍或打消史佩拉传教士的勇气和决心。一天又一天地过去,他总是以温暖的笑容和热情的声音向米勒打招呼。终于有一天,农夫米勒向教士举举帽子示意,脸上也第一次露出一丝笑容了。这样的习惯持续了好多年,每天早上,史佩拉都会高声地说:“早安,米勒先生。”那位农夫也会举举帽子,高声地回道:“早安,西蒙先生。”这样的习惯一直延续到纳粹党上台为止。

当纳粹党上台后,史佩拉全家与村中所有的犹太人都被集合起来送往集中营,最后他被关押在一个位于奥斯维辛的集中营。从火车上被赶下来之后,他就在长长的行列之中,静待发落。在行列的尾端,史佩拉远远地就看出来营区的指挥官拿着指挥棒一会儿向左指,一会儿向右指。他知道发派到左边的就是死路一条,发配到右边的则还有生还机会。他开始紧张了,越靠近那个指挥官,他的心就跳得越快,自己到底是左边还是右边?

终于,他的名字被叫到了,突然之间血液冲上他的脸庞,恐惧消失得无影无踪了。然后那个指挥官转过身来,两人的目光相遇了。他发现那位指挥官竟然是米勒先生,史佩拉静静地朝指挥官说:“早安,米勒先生。”米勒的一双眼睛看起来依然冷酷无情,但听到他的招呼突然抽动了几秒钟,然后也静静地回道:“早安,西蒙先生。”接着,他举起指挥棒指了指说:“右!”他边喊还边不自觉地点了点头。“右!”——意思就是生还者。

一句简单的问候,小小的招呼——“早安”,竟挽救了自己的生命。其实,礼貌和热情都是人际交往的润滑剂。正是那句真诚的问候感动了刽子手,史佩拉才得以生存下来。因此,我们面对周围的陌生人,尽可能地展现我们的礼貌和热情,主动打个招呼吧。

对于我们每个人来说,向一个陌生人打声招呼并不是一件困难的事情。这只是需要我们在见面时互相问候一声“早上好”、“中午好”、“晚上好”,即便只是一个微笑、点头,那也是一个招呼。有时候,我们并没有因为过多的礼节而挖空心思去与对方寒暄几句,只是打声招呼,就足以唤起对方心中的温暖。没有一个人能够拒绝温暖的微笑和热情的声音,这些不仅仅能够博得对方的好感,也会化解对方冰冷的心。

1.多一份亲切感

也许,我们的初次见面,第一次打招呼的时候,双方都会觉得有点不自然,彼此是陌生的,也不会有多少的感触。但是,当你们第二次在大街上碰到,你不经意喊出对方的名字,跟对方打个招呼,对方就会觉得有说不出来的亲切感。并且这种亲切感随着你们一天一天地打招呼、彼此寒暄会变得

更加强烈，到最后你们再见面时，已经完全没有了疏离感，彼此已经不再陌生，甚至有可能会成为好朋友。其实，人与人之间的关系就是这样建立起来的，仅仅是一个招呼的作用，它就足以让双方不再陌生。

2.拉近双方之间的距离

在我们日常生活中，领导和下属打招呼，看似很少见的举动，可它正悄悄地拉近上下级之间的距离。这时候，领导不再是高高在上，而是像朋友之间的互相问候。领导与下属之间的关系是企业管理的核心，如果下属只是一味地惧怕你，那么，这样的企业就不能进行有效地管理与沟通。当领导与下属因为一声招呼、一句问候而成了朋友，他们之间就是一种平等的关系，当工作出现了问题，双方就可以互相讨论如何来解决。因此，领导者要想管理好一个企业，处理好上下级之间的关系，那就从打招呼做起吧。

先消除陌生感，才能交朋友

我们在生活中，总会遇到很多陌生人，与他们有着或亲或疏的关系。通常情况下，我们为了工作、生活，不可能永远限制在自己的狭窄交际圈子里，必须不断地拓展自己的交际圈子，结实更多新的朋友，扩大自己的人脉关系，储备自己的人脉资源。这对于每个人来说，都是必不可少的交际过程。因此，我们每天面对的众多陌生人，他们之中就有我们需要结识的新朋友，他们就是我们即将拓展的交际圈子中的一员。那么，如何与一个完全陌生的人交朋友呢？最为关键的一步就是要消除彼此之间的陌生感，让对方对你产生一种亲切感，对你失去戒备心理，自愿与你形成一种良好的人际关系。

小张是公司采购部的调查员，这次他被委派到乡下调查村民的蘑菇收成情况。由于他处理一些事情耽误了当天最后一趟班车，而离镇上的招待所又很远，于是他不得不想办法找一户人家住一晚。但是他一连问了好几家，都被主人婉言拒绝了。对此，小张倒也能理解，毕竟谁也不愿意留一个陌生人在家里住宿。可是，天已经越来越黑了，小张决定最后再碰碰运气。

当小张再次敲开一户农家的门时，开门的是一位老大爷，只见他一脸戒备地问道：“你是谁？你有什么事吗？”

这次，小张并没有直接说自己想投宿的意思，而是说：“大爷，我听说这个村子里有几家种蘑菇的能手，听说他们对蘑菇的研究比专业的研究人员还厉害，我是公司采购部的调查员，准备调查一下他们的蘑菇收成情况，但是不知道那几家住在哪里，所以向您打听一下。”

那位老大爷听了小张的话，脸上的神情立即缓和了下来：“小伙子，你进来慢慢说吧，这天都黑了，外面黑灯瞎火的，你怎么赶路呢？”

小张连忙道谢，跟随着老大爷一起进了屋，小张看了看老大爷的屋里，不经意发现了很多晒干的蘑菇。小张走上前去，拿了一朵蘑菇放在手里观察，发现被晒干的蘑菇，色泽鲜亮，异常饱满硕大，小张不禁问道：“大爷，您可真会种蘑菇啊！您就是村里几家能手之一吧！”

老大爷听了，乐呵呵地笑了：“你还别说，我其他没有什么好说，我这辈子就数种蘑菇有了点成绩。”

小张不禁向老大爷竖起了大拇指：“这已经是巨大的成绩了，您种这种蘑菇有什么讲究吗？”

一个问题打开了老大爷的话匣子，这一老一少就种蘑菇的话题说开了。当然，那天晚上小张就住在了老大爷的家里。

小张并没有直接说出自己想投宿的意思，但是他希望住宿的目的就达到了。他用老大爷引以为豪的种蘑菇作为话题的切入点，迅速将双方之间的感情距离缩短了。

我们身边的每一位朋友，都是经过相识、相知，进而成为好朋友的。所以，当你与陌生人交谈的时候，需要恰当的处理，也可以使你们从相识相知进而发展成为朋友；如果不进行恰当的处理，只会四目相对无言，使彼此之间的距离越来越远。因此，我们在与陌生人交往的时候，最关键的就是消除对方心里的陌生感。那么，这就需要你掌握几个可行的技巧和方法。

1.顺势取材

据说，在西方很多国家见面打招呼的第一句话就是“今天天气怎么样”。这样的场面话当然不错，但是如果你不论时间、地点就一味地谈论天气则会

显得有些滑稽。最好还是结合你们交谈所处的环境,顺势取材,随机应变。比如,对方第一次邀请你去他家玩,你不妨就他家的装修、室内设计进行赞美“这房间设计不错”。对方可能会自豪地说“这都是我的主意”,这样一下子就打开了双方的话匣子。其实,这样的谈话并没有多少实质性的内容,主要是为了消除彼此的陌生感,使双方之间的气氛融洽。

2.善意的微笑

陌生人之间第一次见面,必然会留下极为深刻的印象。如果你能在陌生人面前露出善意的微笑,那无疑会为你增添不少的魅力。人们在面对一个陌生人时,他们总会多多少少有一种防备心理,不愿意向对方开启心灵之门。但是,微笑是打开对方心扉的钥匙,即便是一个再冷漠的人,他对来自你的微笑也是没有任何戒备心理的。因为,一个微笑不仅不具备攻击性,也是一种友好表达的方式。

3.适当地提问

我们在与陌生人见面时,就免不了要进行语言上的沟通,除了倾听对方的谈话之外,还需要适当的提问,激起对方谈话的欲望。在双方进行交谈的时候,提问无疑是展开话题的最佳办法,你可以通过提问来了解自己不熟悉的情况,也可以巧妙地将对方的思路引到话题中来,还可以利用提问打破僵局,避免冷场。

当然,提问也是需要技巧的,需要避开一些对方难以应对的问题,比如超乎对方知识水平的有关问题,对方难以启齿的隐私等。还需要注意提问的方式,不能像查户口一样机械性地提问,你可以适当问“你这次到北京有什么新的感触”,这样才能激起对方谈话的欲望。如果你向对方提问,对方不愿意回答或者回答不上来,那么你要迅速转换话题,化解尴尬的气氛。

一个共同话题就能让彼此一见如故

我们要想与陌生人建立起良好的人际关系,那么双方之间的语言交流是必不可少的。然而,在很多时候,我们与陌生人之间的语言交流最为关键,也是最容易出现问题的，这里就涉及是否选择了一个合适的话题。如果你选择了一个对方不是很感兴趣的话题，那就有可能造成四目相对无言、气氛尴尬的局面；如果你选择了一个让对方一见如故的好话题，那么就可以让他畅所欲言，进行更深层次的交流。因此，在与陌生人进行交谈时，最重要的是选择一个让对方感兴趣的话题，才能够打开对方的心扉，拉近彼此的距离。

当我们面对陌生人时，必须有一个同陌生人交谈的愿望，只有你乐于与陌生人进行交谈才能够使你们的谈话愉快地进行下去。有很多人在面对陌生人的时候，有一种畏怯心理，或者是防备心理，于是他们见到陌生人就会一言不发。这其实对你的人际交往是极为不利的，要想与陌生人继续交往下去，首先你就要克服自己的胆怯心理、防备心理。只有以自己的真心才能换回陌生人的友谊，你可以回忆一下，即便是现在和你最熟悉的老朋友，但在你们刚认识的时候，不也是陌生的吗？如果你一味地拒绝与一切陌生人谈话，就不会有自己的朋友。因此，要有一种与陌生人交谈的欲望才能够使你专心致力于选择一个好的话题。

初次见面，双方都希望尽快消除彼此的生疏感，缩短双方之间的情感距离，建立起良好的关系；同时也希望自己能在对方心中留下一个极为深刻的印象。因此，选择一个好的话题，往往能够解决这样的问题。那么，如何来选择一个让对方一见如故的好话题呢？

1.从对方的兴趣谈起

每个人都有自己的兴趣爱好，而这一兴趣爱好往往是自己引以为傲的，或者是最擅长的一方面。通常来说，如果你能把话题巧妙地引到对方的兴趣爱好上面来，那一定能够消除对方的陌生感，激起对方谈话的兴趣。所以，你不妨先问明陌生人的兴趣爱好，再循趣生发，顺利地进入正式话题。

2.巧妙提问

你在与陌生人交谈的时候，可以先巧妙地提问，在对他有了一定的了解之后再进行有目的的交谈，这样便能够使你们的谈话顺利的开展并进行下去。比如，你在宴会上遇到陌生的同桌，你便可以询问一下对方："您和我们的总经理是亲戚呢？还是朋友？"不管对方回答的是哪一个，你都可以继续你们的话题交谈下去。即便是对方与总经理的关系不是你所说的这两种，

那么你也可以与对方进行另外的交谈。

3.即兴而起

有时候，你事先准备的话题也许并不适合坐在你对面的陌生人，那么你不妨即兴另起一个话题。你可以巧妙地借助你们谈话的时间、地点以及人物作为话题的材料，借此引发交谈。比如，你对在路边支摊的妇人说："这天气转暖了，出来逛的人也越来越多了，你们这生意肯定有所好转了。"这样一句话，就可以引来她向你讲述在外面摆摊那种露宿街头的艰辛生活。

4.先从对方谈起

当你面对一个陌生人的时候，你不妨把话题先从对方身上谈起，你可以解析一下对方的名字，你可以赞赏一下对方今天的穿衣打扮，你可以赞美一下对方的亮丽外貌。这些都可以是在与对方的第一次见面就能获得的信息，你可以充分地加以利用，引起对方谈话的兴趣。

(1)解析对方的名字。

当第一次见面的时候，彼此之间肯定需要作一下自我介绍。而每个人都有一个名字，当对方说出他的名字的时候，你不妨顺势解析他的名字。因为对于他而言，名字并不是代号，而是自己独一无二的象征。中国的文化源远流长，这使得许多人的名字都有着特殊的意味，有可能是寄予了美好的愿望，也有可能预示着自己的前途。所以，当你知道了对方的名字，不如顺势就解析一番，比如有人的名字叫"章睿"，"睿"即是聪明的意思，你就可以巧妙地在对话中对其名字大加赞赏。这样一说，无疑让对方心情愉快起来，也会对你敞开心扉。

(2)赞赏对方的装扮。

你还可以对他的穿衣打扮进行适当赞赏，因为对于每一个人来说，都希望自己的装扮能够得到别人的认同。比如，你面对穿着时尚而又大方的朋友说："你这身装扮真是毫无挑剔，直接引领了这一季的时尚潮流，而且又简约大方，跟你的气质非常相衬。"在你这样几句话的赞赏下，他就会消除防卫心理，进而对你产生一种好感。

(3)赞美对方的外貌。

每个人都对自己的外貌或多或少地感兴趣，对于绝大多数人来说，更是对自己的外貌有着极为浓厚的兴趣,他们更希望得到这样的赞美"你真是有魅力"、"你很漂亮"、"你的气质真出众"。因此,你在与对方交谈中,恰当地从对方的外貌谈起,这的确是一个不错的交际方式。比如,你面对一个极有风度的朋友,你可以这样说:"早就听说过你的大名了,今日一见,果然是与众不同。"

总而言之,我们要想选择一个让对方感兴趣的话题,那么切入点就要放在对方身上。这样既让对方感到尊重,又会轻易地勾起对方谈话的欲望,这对于双方之间的交流是非常有帮助的。

在不了解对方之前,有些玩笑不能开

有的人喜欢开玩笑,以此来活跃气氛,消除双方之间的陌生感,这确实是一个与人建立融洽关系的有效方式。但是,也有不少人在初次见面时就向对方开玩笑,试图消除刚见面的陌生感,有时候却起了相反的作用。其实,玩笑是不能随便乱开的,尤其是面对自己不了解的人,更不能随便向对方开玩笑。因为你稍有不慎,把握不当,不仅不能缓和气氛,还会适得其反,给双方关系造成难以弥补的裂痕,这也会直接导致我们人际关系的破裂。因此,你在不了解对方的时候,就不要轻易地向对方开玩笑。

我们不可否认玩笑有它的作用性,如果你能够把握得当,它在很多时候都能够起到活跃气氛,缓和初次见面的紧张感和生疏感的作用。但这样的适度玩笑也是建立在合适的时间、合适的地点、合适的环境以及合适的对象身上,它才会产生出这么大的作用。相反,如果你向一个不了解的人随意地开玩笑,就免不了会产生误解,或者伤害到对方,甚至有时候会给自己带来杀身之祸。

刘备进入蜀地之后,曾经与益州的刘璋在富乐山相会,当时正好碰到了刘璋的部下张裕。刘备见张裕面脸胡须,就开玩笑说:"我老家涿县,姓毛的人特别多,县城周围都住满了毛姓人家,县令感到奇怪,就说'诸毛为何皆绕涿而居呢?'"在这里,刘备巧将"涿"借为"啄",意在取笑张裕那张被一脸黑毛遮住的嘴巴。

不料张裕回敬道："从前有个人先是任上党郡潞县县长，后来又迁至涿县做县令。有人正好在他上任前回老家探亲时给他写信，于是便在称呼上犯了难，一时不知称他为'潞长'，还是'涿令'，最后只好称他为'潞涿君'。"在这里，张裕也巧妙借此取笑刘备脸上无毛，立即引得满座哄堂大笑。当时，他们两人不过是开开玩笑，张裕并不在意这件事，但刘备却因自己占了下风而一直耿耿于怀。

后来张裕投到刘备麾下，刘备竟找了个借口，要杀张裕。诸葛亮请刘备宣布张裕罪状，刘备说不出什么理由来，竟称："芳兰当门而生，不得不锄去也。"

由于张裕对刘备一点都不了解，就对其玩笑进行回敬。哪晓得刘备心眼小，一直因自己占了下风而耿耿于怀，于是张裕就因为这样一句玩笑话而掉了脑袋。

当我们与陌生人交谈的时候，为了消除双方之间的陌生感，适当的玩笑是可以的。但是，在这种不了解对方的情况下，开玩笑更需要慎重，既要选择合适的场合、合适的环境，还需要考虑到对方的性格特征、对方当时的情绪，除此之外，我们还需要把握好玩笑的内容，确保是内容健康，情调高雅的。当你把所有的因素都考虑进去了，向对方开适度的玩笑，可以为你的印象加分不少。

1.合适的场合

你向对方开玩笑也需要选择合适的场合，不能随便在一个场合就开玩笑。比如，在一些庄重的集会或重大的场合就不适宜向对方开玩笑，还有一些有着浓厚悲伤氛围的场合，也不应该向对方开玩笑。这样的场合下，如果你向对方随意开玩笑，只会增添对方的不悦情绪，进而对你没有任何好感。因此，开玩笑需要选择合适的场合，必须是在双方都处于一个心情愉悦的情况下，你的玩笑才能够发挥出它的作用。

2.对方的性格

每个人都有各自不同的性格，有的人活泼开朗，有的人爽快豁达，有的人比较内向，有的人则比较敏感。我们在面对不同性格的人，则主要是因人而异。如果是面对个性比较开朗的人，则可以适当的开玩笑，活跃气氛；如果是面对比较敏感的人，则不宜开玩笑，有可能会伤害到对方。另外，对女性来说，开玩笑要适度；而对于老人来说，开玩笑则需要注意到给予对方尊重。总之，你开玩笑是需要在不伤害对方自尊心的前提下，开玩笑的目的是为了营造出轻松愉快的谈话氛围。

3.对方的情绪

你在向对方开玩笑的时候，还需要考虑到对方的情绪。如果对方正处于情绪低落期，或者正处于极度悲伤的时候，那么这时候就不应该向他开玩笑，否则别人会以为你是在幸灾乐祸。开玩笑的时机也是在双方心情都保持愉悦的情况下，或者双方之间出现了点小矛盾，你可以通过开玩笑使对方的心情有所好转。

4.内容健康、情调高雅

当你在开玩笑的时候，还需要选择健康、情调高雅的内容来开玩笑。尤其是你在面对对方的时候，切忌拿对方的缺陷来开玩笑，把自己的快乐建立在别人的痛苦之上。还要避免开庸俗无聊，极其低级趣味的玩笑，开玩笑的内容应是健康、情调高雅的，能够启迪人、教育人的，使你们在欢笑之余，又能够让对方从中学到更多的东西。

一般而言，玩笑是人际交往中的润滑剂，能够缩短交往双方的心理距离，能够活跃气氛，能够化解尴尬的窘境。如果你能够在交际中恰当地运用这一技巧，就会使你成为交际中的高手。但是，你一定要记住：开玩笑也是需要合适的场合、合适的环境，面对合适的对象，这样才能使玩笑发挥出更大的作用，进而建立融洽的人际关系。

别随便恭维陌生人

当我们面对陌生人的时候，有时候免不了说一些恭维赞扬的话，以此来获得对方的好感，拉近双方之间的距离。每个人都有自尊心和虚荣心，也总是希望自己身上的优点和长处得到别人的赞赏。因此，即便是初次见面，为了减少双方之间的陌生感，也可以适当针对他人的长处和优点说一些恭维

的话，让对方心里顿生暖意，从而实现融洽的人际关系。但是，我们在向对方说那些恭维的话时，也需要掌握好一个“度”，稍有不慎，就会给对方一种阿谀奉承之嫌。

一般而言，要做到恰如其分地称赞对方并不是一件很容易的事情。这就需要我们掌握好说恭维话的技巧与方法，那些恭维的话并不是越多越好，而是越精越容易打动人心。有时候，过多的恭维只会引起对方心里的厌烦，甚至会遭到对方的排斥。所以，在面对陌生人的时候，特别要注意说话的度，毕竟良好的第一印象才能够为后面建立良好的人际关系提供帮助。

小王是一家理发店的发型设计师，由于他很会说话，因此，很多顾客去理发店里都会直接点他的名字。

有一次，有一位近40岁的妇女去店里做头发，正逢其他设计师都在忙，于是这位顾客就由小王接了下来。这位妇女面无表情，看起来很难接近，而她总是对别人露出一种不屑的眼神。小王面带笑容：“女士，您的皮肤保养得真好。”那位妇女还是面无表情，似乎根本没有听到小王的话。小王并没有露出任何不悦的表情，反而笑着说：“像您这样气质出众的女士，一定得配个气质型的发型，才能够使您魅力更加出众。”妇女嘴角露出点微笑，小王接着说：“女士，您今天做这个发型是为了参加一个聚会吧。”原来小王不小心瞄到了女士皮包里露出的半截请帖。那位妇女有点惊讶：“你怎么知道？”小王不经意笑了笑：“我随便猜的。”

在小王一边给那位妇女做头发的过程中，一边与她聊天，等到发型做好了。那位妇女已经是满脸笑容，她临走前对小王说：“小伙子的手艺真不错，下次来了还找你。”

小王对顾客恰到好处的恭维，不禁打开了对方的心扉，更是建立了一种良好的人际关系，这对于拓展自己的客户群是非常有帮助的。因此，我们在人际交往中，更要学会恰到好处地对他人进行赞美、恭维，才能激起对方的谈话兴趣。

如何恰到好处地向对方说一些恭维话？那就需要你的话语中有明确的恭维点，也就是你要明确地指出对方的长处和优点，不能进行模糊地赞美，这样只会让对方感觉是虚情假意。另外，你在向对方进行赞美，说恭维话的时候，需要保持态度真诚，这样才更容易打动人心。

1.具体明确地恭维对方

你在对他人进行恭维的时候，一定要善于挖掘对方的长处和优点，这样才会使你的恭维言之有物，不是空泛而谈。所谓具体明确的恭维，那就需要你有意识地说出一些具体而明确的事情，而不是模糊、含糊地恭维。除此之外，你在恭维别人之前需要尽早了解对方比较自豪的地方，然后再对此进行赞美。你在尚未确定对方值得赞赏的地方时，千万不要胡乱称赞，这样只会自讨没趣。

2.态度真诚

你在恭维别人的时候，一定要保持真诚的态度。即便是为了赢得对方的好感也需要说一些发自内心的话，因为恭维别人毕竟是一种美德。如果你尽说一些虚情假意的话，只会让对方产生反感情绪，甚至遭到排斥。只有发自内心的肺腑之言才能够打动对方，进而使对方保持一种愉快的心情。

对陌生人还是要有所提防

有很多人是见面自来熟，他们对任何人都没有陌生感，没有戒备心理，总是畅所欲言，想说什么就说什么，无所顾忌。即便是面对初次见面的陌生人，他们也是满怀热情地上前搭话，并且毫无隐瞒地向对方袒露心理。其实，如果一个人性格开朗，能言善辩，这是很突出的优点，依靠这样的优点能在人际交往中取得成功。但是，我们并不能为了展现自己的交际能力，就忽视了对陌生人的戒备心理。也许，绝大多数陌生人并不会对你有所企图，但我们却不能保证所有的陌生人都没有坏心眼。毕竟，知人知面不知心，更何况是一无所知的陌生人，我们更应该留个心眼。

在我们面对陌生人的时候，不要把自己的什么情况都告诉对方，更不要毫无隐瞒地把自己的隐私或者把自己朋友的一些状况告诉对方。这无疑是把自己的所有都袒露给对方，这样的后果是给自己带来一些不必要的麻烦。

因为你在与对方接触之前,对对方的学识、性格、为人处世等各方面你都不清楚,也不了解对方是个什么样的人。对方有可能是个口是心非的人,前脚听了你的话,后脚就出去跟别人说了,这无疑是对自己极为不利的;对方有可能是你未来路途上的竞争对手,向你的对手袒露弱点,可以想象你自己会输得很惨。俗话说:"防人之心不可无。"面对每一个你不了解的人,你都要多长个心眼,对自己的信息和情况多保留一些,以免上当受骗。

小李新到公司不久,他对公司的同事、上司以及公司的规章制度都不熟悉,这让他很是苦恼。幸运的是,他刚进公司一周就认识了一个新朋友小张,小张与他是同一个部门的同事,两个都是年轻人,一句话投机之下就认了兄弟了。

小李在公司里一个熟悉的人都没有,因此自从认识了小张,小李就把小张当做自己最好的朋友。他什么事情都跟小张说,包括在工作上遇到的一些困难,公司最近流传的绯闻,还有一些自己对其他同事的意见。

最近,小李工作上遇到了一些麻烦,主要是新来的主管脾气很不好,喜欢掌控下属的一切行为,这使得小李很不适应,对新来的主管也有很大的意见。他知道小张与新来的主管关系还不错,于是,他在下班之后就与小张聊了起来,他一股脑儿把自己的苦恼说给小张听,希望自己的好朋友小张能把自己的意见带给新主管。

但是,也不知道小张在新主管面前说了些什么。第二天早上,新来的主管把小李叫到办公室,狠狠地训斥了一顿,并把小李调到了部门最差的一个组里。小李很郁闷,想到平时自己还把小张当成最好的朋友,可是却没有想到小张是这样的人。

小李之所以在主管面前受到这样的待遇,那都是因为他没有意识到小张是什么样的人,就把自己的什么事情都告诉他,这无形之中就给自己带来了一些伤害。因此,我们在不了解对方是什么样的人之前,千万不要把自己的一切毫无隐瞒地告诉对方,这样只会把自己陷入不可挽回的境地。

事实上,如果你对他人无所隐瞒,不仅会给对方造成很突兀的感觉,也会使自己陷入极为被动的境地。因此,我们要学会在陌生人面前给自己保留一份空间,多留一个心眼,不要过分地表露自己,适当对陌生人有所保留,这样才能够很好地保护自己不受伤害。

筑起心防：年轻人要学会看破小人心

在我们日常交际中，不可能遇到的全部是君子，有时候你还会遇到小人。小人所表现出来的行为举止，需要你采用适当的方法，灵活应对小人的各种招数。很多人在面对小人的时候，总是想到敬而远之，其实，对小人一味地逃避是没有用的。有的小人，即便是你想逃避也未必能够躲得开。因此，与其像缩头乌龟一样到处躲避，还不如正面应对、谨慎应付。只要你行得正坐得直，就不怕小人会抓住你的把柄；防人之心不可无，你要时刻盯紧小人的小动作；要转换应对方式，以攻代守防止小人使坏。有时候，与其贬低小人，还不如大方地恭维小人，还可以减少他伤害你的机会；要想控制小人，就得利用他的欲望；在某些特定环境下，不如将计就计，使自己能够躲过小人的陷害。

年轻人要行得正坐得直，不给小人机会

在我们现实生活中，稍有不慎就会遭到小人的陷害，而小人最擅长的招数之一就是抓住你的把柄，以此在领导面前告你的黑状，或者在领导面前打你的小报告，或者以此来要挟你，以致最后出现我们难以挽回的局面。那么，如何能够有效地避免出现这样的情况呢？其实，最好的办法并不是我们如何制止小人的行为，因为小人的行为并不在我们的限制范围之内，我们需要做的是根本不给小人抓住把柄的机会，那就是我们自己要行得正坐得直。

在日常生活中，我们不难发现很多生活用品、用具都有把柄，这是为了在我们使用时提供方便。但是，在实际生活中，我们并不希望在自己的言行举止上留下任何可以让别人抓住的把柄，特别是被小人发现了，那把柄就意味着灾难的源头。因此，我们必须在平时就做好自己的分内工作，办事光明磊落，坚持原则，胸襟坦荡，正直无私，并在领导与同事面前建立很强的信任感。这样一来，即便是小人想通过各种手段来毁灭你的形象，那也会被无情的事实所粉碎。

1.谨言慎行

提防小人的陷害，就需要我们自己洁身自好，注意自己的一言一行，一举一动。千万不要在背后说别人的坏话，或者到处讨论公司的绯闻，也千万不要在工作上有谋私利、受贿这样的行为。这样，你在行为言语上毫无漏洞，毫无把柄可抓，即使小人去告黑状也好，打小报告也好，都不可能陷害到你。因为他们想陷害你，就需要想方设法在你身上寻找污点，而你本身就是清白的，毫无污点可寻，这样小人自然是拿你没有办法的。

2.在身边建立强大的信任感

我们不仅仅是需要谨言慎行，还需要与周围的人建立起一种强大的信任关系。这就需要我们在平时生活中处理好自己的人际关系：对上司，不仅仅是依靠几句好话就能取得他的信任，而是需要拿出自己的工作业绩来博得上司的赏识；对同事，需要付出真诚，坦诚相待，千万不要当面一套，背后一套；对下属，要尽可能地多给予他们关怀与鼓励，赢得他们的尊重与信赖。当你身边的人都对你充满绝对的信任时，他们是不会轻易被小人的谗言所迷惑的，他们会站在你这边，而对小人的话报以沉默。

3.不如自己说出来

有的时候，即便是自己真的有什么把柄被小人抓住了，与其整日提心吊胆，还不如自己坦诚说出来。因为如果是通过小人来揭发你的恶劣行为，那样只会把事情越弄越糟，而自己到时候跳进黄河也洗不清了；不妨在小人告发之前，自己主动向领导讲明情况，检讨自己所犯下的错误，这样容易得到领导的谅解，减轻行为的恶劣程度。等到小人再去打小报告时，领导只会充耳不闻，反而对小人的行为有所厌烦。

4.及时消除把柄，给对方有力的一击

其实，即便是你做得再好，每个人还是免不了有大小不一的把柄。你的趣味、喜好都是可以被小人用来打开你欲望之门的钥匙，只要是拿你最喜爱东西来诱惑你，拿你最忌讳的东西来打击你，免不了你就会上当，授人以把柄。到时候，你的绯闻、受贿、罪行等隐私就完全使你受制于人。而在这极为关键的时刻，你要学会及时消除在小人手里的把柄，给对方有力的回击。

曹操的儿子曹植，喜欢杨修的才能，常常邀请他到家里谈论逸闻趣事，整夜都不休息。曹操和众位大臣商议，想立曹植为太子。曹丕听说了，就密请朝歌长吴质到他府中商量对策。又怕被人发觉，就让吴质藏在一个大筐里，上面放些布匹，别人问起，就说是布匹，用马车把吴质拉进了曹丕府中。

正好杨修看见了吴质从筐里爬出来。他和曹植是好朋友，当然希望曹植能当太子，于是，就跑去向曹操告密。曹操派人在曹丕府前检查，曹丕慌忙告诉了吴质。吴质说："不用担心，明天用大筐装上布匹拉到府里来，迷惑一下他们。"第二天，曹丕就派人按吴质所说的话去做了。

曹操派的人检查了几次，发现全是布匹，就回去把情况报告了曹操。曹操怀疑杨修陷害曹丕，从此对他十分厌恶。

人心险恶，世事难料，我们不得不处处小心，千万不要授人以把柄。如果不小心被小人抓住了把柄,你可以像吴质一样,当小人抓住你的把柄试图大做文章时,你一定要保持心态平和,不要慌张,要及时彻底地消除把柄,洗净自己,同时给对方狠狠的一击。

学会提防小人,盯紧小人的小伎俩

俗话说:"防人之心不可无。"尤其是在面对小人的时候,更不能掉以轻心,以防掉进对方早已挖好的陷阱。这就需要我们在平时生活中,盯紧小人的一举一动,通过对方的言行举止来透析其真实意图,以此来使自己不受任何伤害。因为小人的手段是极其隐秘的,也是极其卑鄙的,他们在任何时候都不会轻易放弃陷害他人的机会。如果小人在你面前表现出异常的举动,那么你一定要严加小心了,多一点防备,多一点准备,才能够有力地瓦解小人的卑鄙行为,否则就会让自己付出惨重的代价。

一般而言,小人都有这样一些行为举止:他们善于当面说一套,背后做一套,当着你的面说得挺好听的,可是背着你却做着见不得人的勾当;他们是诡计多端善于见风使舵的人,当着你的面答应你,可背后却把你的话一字不漏地传达给你的竞争对手;他们见不得美好,看到你即将高升了,就想方设法使计策来拖你的后腿;他们还善于使用糖衣炮弹,经常在你面前采用甜言蜜语的攻势,给你一些小恩小惠的甜头,却隐隐含着对你的算计。因此,面对那些善于变脸的小人不可交,但却不可不识,只有识破小人内心隐藏的阴谋,才能够防患于未然。

1898 年,以康有为、梁启超为首的维新派,在中国掀起轰轰烈烈的维新变法运动。他们的活动得到光绪帝的支持,但他是一个没有实权的皇帝,慈禧太后控制着朝政。于是,这场变法运动实际上变成了光绪帝与慈禧太后的权力之争。

正在这时,荣禄手下的新建陆军首领袁世凯来到北京。袁世凯在康有为、梁启超宣传维新变法的活动中,明确表态支持维新变法活动。康有为曾经向光绪推荐过袁世凯，于是，光绪在北京召见了袁世凯，封给他侍郎的官衔，旨在拉拢袁世凯，为自己效力。康有为等人认为，要使变法成功，要解救皇帝，只有杀掉荣禄。而能够完成此事的人只有袁世凯，所以谭嗣同后来又深夜密访袁世凯，希望袁世凯能够杀掉荣禄，而当时袁世凯一口应承下来。

却没有料到，袁世凯是个诡计多端善于看风使舵的人。袁世凯虽然表面忠于光绪皇帝，但是他心里明白掌握实权的还是太后和她的心腹，于是又和慈禧的心腹们勾搭上了。所以，他决定先稳住谭嗣同，再向荣禄告密。不久，袁世凯便回天津，把谭嗣同夜访的情况一字不漏地告诉荣禄。

第二天天刚亮，慈禧怒冲冲地进了皇宫，把光绪带到藏台幽禁起来，接着下令废除变法法令，又命令逮捕维新变法人士和官员。变法经过 103 天最后失败。谭嗣同、林旭、刘光第、杨锐、康广仁、杨深秀“戊戌六君子”在北京菜市口被砍下了脑袋。

袁世凯这类奸雄式小人，为了邀功请赏，飞黄腾达，不惜利用他人的人头献媚。而没有任何戒备心理的革命党人，由于没有能够识别、防备小人，而付出了惨重的代价。

面对居心叵测的小人，我们不得不防，尤其是他偶尔表现出来的小动作。比如，他突然之间对你很亲近，并且经常说些好话；通过其他人来打探你的行踪，你的平时情况；平时与你关系都极为和谐，在你即将晋升的时候却忽然冷淡了起来。这些都是小人表现出来的异常行为，我们要学会观察对方的这些小动作，以此来推断他下一步将要做什么。

1.亲近攻势，必另有所图

有时候，我们在平时都与对方保持一定的距离，把关系始终维持在不亲不疏的一种状态。可是，突然之间他开始对你很亲近了，经常当面夸奖你，对你说一些恭维话，企图与你保持一种亲近的关系。这时候，你就要有所防备了，对方想给你造成一种亲近感，肯定是试图在你身上获取一些东西，有可能是关于你自己的一些情况，也有可能是想通过你打探别人的隐私。对小人这样的行为，我们不得不防，对他的亲近行为要保持警惕，也不要给对方透露任何有价值的信息。

2.暗暗关注你的行踪

我们在工作的时候,有时候你会意外得知,某位同事经常悄悄地向你身边的人打探你的行踪。只要他们在办公室看不见你的人影,就会向坐在你身边的人或是与你关系密切的人询问:“他又不在办公室啊?你知道他上哪去了吗?我找他有点事。”即使他稍微用了借口,但是经常这样问,也会使身边的人觉得不大对劲。小人经常暗中关注你的行踪,是企图通过你的行踪来抓住你的把柄。你不妨故意把你的行踪泄露给对方,模糊他的想法,到时候他就没有办法来陷害你了。

其实,小人的小动作远不止这些,他们还有很多我们看不见的小动作。因此,为了保护自己不受小人的陷害,最好的办法就是与他们保持一定的距离,既不过分亲密,也不故意疏远。关注他们的言行举止,如果出现异常的行为,你就要保持警惕,以免掉进对方的陷阱。

以攻代守,防止小人使坏

很多人还是秉承着前人的思想,面对小人就远远避之,他们认为“我既然惹不起,但还是躲得起”。但是,对小人,一味的躲避并不是明智之举,也许你能躲一次两次,那么三次四次呢?你又该如何?更何况,为了工作需要、生存需要,有时候我们不得不与小人打交道,这根本就是躲避不了的。这时候,我们不妨以攻代守,这样才能有效地防止小人使坏,使自己占据双方之间的主动权。

当然,如果小人并没有对你做出什么可憎的行为,也没有伤害到你的利益,你就与之保持和谐的关系即可,而不需要主动向对方进攻;但如果小人接二连三地企图陷害于你,对你做出极为恶劣的行为,那么这时候你就要学会以攻代守,正面应对小人使坏,维护自己的正当利益,给予小人有力的回击。

有一天,小明家里来了客人,小明的父亲叫他去附近小店买一瓶茅台酒。等到酒买回来了之后，父亲一看，发现酒居然是假的，父亲顿时明白了，店主欺负儿子小不懂得如何分辨真伪，于是卖了假酒给他。父亲感到十分气愤，等到自己慢慢平静了下来，他不禁想到了一个好主意。

父亲将假酒倒在酒杯中，径直去了小店，让店主拿过一瓶茅台酒来。父亲拿着酒瓶仔细审视并自语道："唉，这年头假茅台实在太多了，不知你这儿……"店主抢过话头："你放心，我这里绝对全是真货！"

父亲还是感叹道："前几天，我在市中心一家店铺买了一瓶，店主还不是打包票说绝对是真的，绝对不会假。谁知一打开来——是一元钱半公斤的高粱酒！"店主道："你去找他呀！"父亲故意哭丧着脸说："已经打开好几天了，他还会认账吗？"店主有些惋惜道："你要是当时发觉就好了，他敢不认账！"父亲向店主认真请教："要是当时发觉了，他还是不认账咋办？"店主指教说："找工商局去呀！人赃俱获，他能不怕吗？"

父亲见时机已到，他向躲在一旁的儿子招手，而后从怀中摸出那假酒来："那好！请你看该咋办吧！"店主一下傻了眼："实在……对……对不起，对不起！我退款，我退款！"

聪明的父亲为了让奸诈的店主主动认罪，他并没有直接去与之发生正面冲突，而是巧妙地把店主引入了话题，等到店主钻进了自己的圈套之后，他才不失时机地把自己的问题提出来。这样在拿出确凿的证据之后，店主即使想抵赖也赖不了了，只好主动承认错误。

俗话说："明枪易躲，暗箭难防。"而小人惯用的伎俩就是暗箭伤人，这是我们防不胜防的，与其在毫无预备之下受伤，还不如先发制人，使小人断了陷害于人的念想。其实，当你与小人经过一番较量之后，你会发现小人并不像传说中的那么难以应付，只要你能拿出对方使坏的确凿证据，抓住小人的把柄，就会使他乖乖就范，收敛嚣张的气焰。

1.先发制人

有时候，小人通过其他人了解了你的一些绯闻信息，于是他们企图通过到处造谣生事，来破坏你的形象，使你陷入尴尬的境地。这时候，你不妨赶在他宣扬谣言之前，把自己的一些真实情况主动透露给周围的人，让周围的人相信你的说法。当小人开始四处造谣的时候，人们就不会轻信于他，而是

把感情的天平向你这边靠拢。时间长了，周围的人也就明白对方不过是经常在背后议论是非的小人而已，大家就会慢慢远离他。

2.抓住小人的把柄

小人也有把柄，也有他的隐私、秘密。因为小人干过的坏事太多了，因此也留下了很多容易让人抓住的把柄。当小人试图想陷害于你的时候，你不妨拿出对方的把柄对他进行警告。当然，这个方法是需要技巧的，你只需要模糊地向他说几句即可，不可把对方逼得太急，以防对方狗急跳墙，闹出更大的事情。你只是适当地警告对方，告诉对方你也不是好惹的。这样，小人对你就有一种畏惧心理，自然而然就会收敛自己的行为。

少点正面迎击，多面给予反击

在我们现实生活中，小人逐渐形成了一股污浊之气，他们无孔不入，驱之不去，阴魂不散，时刻破坏着正常的人际交往，给社会带来腐败的气息。虽然在很多时候，小人得势之后会变得极为嚣张猖狂，但这是一时的，所以君子从来不与小人相斗。这主要是小人的言行举止是不受道德规范约束的，他们做什么事情都是不讲游戏规则的，而坦荡荡的君子又怎能斗得过小人呢？因此，我们在与小人进行相处的时候，就要适当运用一些特别的方法，才能够与之建立和谐的人际关系，而自己也不会受到小人的陷害。事实证明，在很多时候，与其贬斥小人激起对方的敌意，进而做出报复的行为，还不如适当地吹捧小人，让他处于飘飘然的境地，自然而然想对你加以陷害的想法就消失了。

一般而言，小人都是独来独往，是不合群的，因为他们的所作所为使得在人际交往中处处碰壁。没有谁去认同他们，更没有人愿意与他们交朋友，甚至成了“过街的老鼠，人人喊打”。他们自然明白自己的处境，于是他们对谁都是充满着恨意，这时候你不妨顺着他的心思，适当赞赏他，还可以使他对你产生好感，减少对你的恨意。即便是他想陷害于你，吹捧他的这个方法也是极为有效的，它可以让身边的人慢慢认识到他的本质，进而把他孤立起来。

1.对小人要尊重

小人从来都不讲信用，不重承诺，从来不按游戏规则出牌。他们往往为了达到目的会不惜一切手段，因此，我们在与小人相处的时候，千万不能掉以轻心，更要表现出自己的尊重。要学会在小人面前说假话、空话、虚伪话和恭维话。如果你对小人时刻都持着贬斥的态度，并且抓住一切机会来对小人进行言语攻击，其实你这样的做法只会激怒小人，激起对方的报复之心，最后受害的始终是你。而如果你能在小人面前适当说一些好听的话，吹捧的话，那就会让小人认为你没有任何攻击性，他自然也会减少对你的伤害。

2.在小人面前说好话

我们在与小人相处的时候，要学会在小人面前说好话。也许，很多人会认为这是违心的，有献媚和懦弱之嫌，但这也是出于生存的需要。因此，你可以对他的工作能力和敬业精神大加赞赏，他肯定会很高兴的。当然，你在夸奖他的时候，虽然不能说是真诚，但是也不要让对方看出破绽，尽量表现出一副事事不如他的样子，以一种实实在在的态度表现，这样他才会觉得你是赞赏、是认同他的，他也会对你有种好感，这样一来他陷害你的机会相对来说就少了。

3.在上司面前赞赏他

你要学会在上司面前不时地表扬他，赞赏他的工作成绩和工作效率，让上司觉得你对他还是不错的。而这样的话一方面，有可能会通过上司传达给他；另一方面，当他在上司面前给你打小报告时，上司会想，这人怎么这样，人家经常在我面前夸你，从来没有说你的什么不是，但你却反过来恩将仇报，这样一想，上司就会对他的行为感到厌烦，也不会相信他说的是什么了。

4.在同事面前说他的优点

当你在同事或其他人群中，一旦谈起了某个小人，你千万不要随便插嘴，以免掉进了陷阱之中。但是，如果非说不可，那就尽量在同事面前说他的优点，这样可以起到防火墙的作用。这样一来，当他和同事之间说你的坏话时，同事就会觉得他这个人不怎么样，别人从来没有说过他什么，他却总是和人家过不去。时间长了，同事自然就了解了他的为人处世，大家都孤立他，他的交际范围会越来越小，最终威信扫地。

总而言之，与小人对着干并不是明智之举，对付小人就要使用特别的办法。那就是吹捧他，你不妨顺着小人的心思，对其说几句恭维的话，给对方一点甜头尝尝。这样既维持了一种和谐的关系，也能为自己争取一方净土，不受小人的干扰。

洞彻小人心思，彻底反击小人

一般而言，小人都是唯利是图的人，他们之所以会做出很多恶劣的行为，干出很多伤天害理的事情，其实都是内心的欲望在作祟。小人将利益视为人生的唯一目标，常常会为了达到自己的目的而不择手段。欲望就如同埋藏在他们心里的一个魔鬼，无尽的贪得无厌，永远无法满足。事实上，他们的行为动机就是为了满足自己的欲望，为了满足自己的私欲。因此，我们在与小人相处的时候，要想有效地控制对方，不妨巧妙地利用他的欲望。

贪婪是人的欲望的一种直接体现，是欲望难平的心理扭曲，贪婪的小人永远不知道满足是什么。对于小人而言，他们习惯把生活当做猎奇的竞技场，在光环的包裹下，干着见不得人的勾当；依仗着权势到处干违法违纪的事情，敲诈勒索，贪污舞弊，无所不干；他们表面披着文化的外衣，却藏着一颗龌龊的私心。在纷杂的交际场所里，他们一副小人得志的嘴脸，唯恐天下不乱。这样一群贪得无厌的小人，都是由于内心欲望的牵引。小人有各种不同的心理欲望，而我们为了控制他们就不得不循其心理欲望，进而有效地控制对方。

1.抓住其心理需求

小人也有自己的心理需求，他们做任何事情都有一定的心理动机。他们有可能是喜欢听到你的恭维话，希望得到他人的认同；他们有可能有种畏惧心理，害怕被人抓住小辫子。总而言之，我们在应对他们的时候，就需要循其心理需求，有效地抓住对方致命的弱点，巧妙地加以利用，这样就能控制住对方的行为了。

有个大户人家出身的名叫申坤的人，年轻时曾强奸别人家的妻子，被人用刀砍伤了面颊。做出这样恶劣行为的小人，本应该受官府的重重惩治。可是他们家里重金贿赂了官府，因而不但没有被革职查办，反而被调升为守尉。

等到冯颐上任后，就有人向他告发了此事。冯颐当时很气愤，就立即召见申坤。申坤心中忐忑不安，硬着头皮来见冯颐。冯颐仔细看了看申坤的脸，果然发现有伤痕，他沉思片刻，将自己的左右侍卫退开，假装十分关心其脸上的伤痕，故意询问究竟。

申坤做贼心虚，知道冯颐已经了解了他的情况，就像小鸡啄米似的接连给冯颐磕头，如实地讲了事情的经过。头也不敢抬，只是一个劲地哀求道："请大人恕罪，小人今后再也不干那种伤天害理的事了。"

"哈哈哈……"冯颐突然大笑道："男子汉大丈夫，本是难免会发生这种事情的。本官想为你雪耻，给你一个戴罪立功的机会，你能效力吗？"

于是，冯颐命令申坤不得向任何人泄露两人的谈话情况，要他有机会就记录一些其他官员的言论，及时向冯颐报告。这样一来，申坤俨然已经成了冯颐的亲信、耳目。自从被冯颐宽释重用之后，申坤对冯颐的大恩大德时刻铭记在心，所以，干起事来特别卖命，不久，就破获了许多起盗窃、强奸等犯罪案件，工作屡见成效，使地方治安情况大为改观。

俗话说："抓刀要抓刀柄，制人要拿把柄。"一旦发现小人的弱点所在，就要针对其心理需求，利用其弱点有效地掌控其心。

2.满足其权势欲望

在职场，小人的所作所为的目的所在就是为了谋得一权半职，企图自己也能在职场里得到发展。这时候，你不妨满足其权势的欲望，使其注意力转移到工作上来，这样他就没有多余的心思去陷害他人了。

小唐才来公司没有多久，就凭着自己的踏实工作、认真的态度赢得了业

务部章经理的信任。章经理十分看重他做事的能力，还准备向总经理举荐此人做自己的得力助手。可是，就在这期间却发生了一件意外的事情。

有一次，公司集体聚会，章经理因为家里有事没有参加，其余的同事都去了。就在当天晚上，章经理从自己一个亲信那里得知，小唐在聚会上喝了不少酒，之后居然当着大家的面，在总经理面前说一些谗言，还希望总经理能够辞退章经理，自己来坐这个位置。章经理得知了情况，没有想到小唐竟是这样的人。

第二天早上上班，章经理并没有动声色，假装自己不知道情况。在早会上，章经理当即在取得总经理的同意之下，宣布了对小唐作为自己助理的任命。当小唐听说自己被提升为经理助理了，不禁十分诧异，再想想昨天晚上的言行，不禁有些羞愧。

自此之后，小唐再也没有在谁面前说过章经理的不是，而是全身心地投入到工作中去，协助章经理做好业务部的工作事宜。

面对小唐对自己的弹劾，章经理并没有采取任何报复性的措施，反而将计就计马上为小唐升职，满足其权势的欲望，转移其注意力，进而把所有精力都投入到工作中来。

将计就计，方能巧妙躲过小人的陷害

小人的手段极其阴险，而又毫无章法，他们的行为既不受道德规范约束，也不遵从游戏规则。因此，我们在面对小人的陷害时，常常毫无准备就掉进其挖好的陷阱之中，使其奸计得逞。其实，我们要想躲过小人的陷害，就需要随机应变地采用一些合适的方法，当我们无法应对诡计多端的小人时，不妨将计就计，巧妙地躲过小人的陷害。

对小人，不能进行正面交锋，这样只会使自己处于一个极为被动的境地，不如反其道而行之，借助小人自己的阴谋将计就计，巧妙躲过小人的陷害。有时候，面对小人的计谋，你可以从他异常的行为中察觉出一些端倪，这时候，你不要声张开来，也不要当面拆穿小人的伎俩，而是将计就计，使自己巧妙躲过小人的陷害，也使小人得到一个深刻的教训。

公司的王经理到外地出差坐火车的时候，坐在他对面的一位中年男子自称是港商，这次是来大陆投资做生意。他还当即掏出自己的名片递给王经理，王经理接过来看，见名片上只留了该男子的姓名和电话，连职位也没有标注，他不禁有点怀疑。

这位港商似乎看出了王经理的疑惑，他解释说："我们公司对于职位那些都不注重的，只注重你的工作成绩，而且我自己的公司，并不需要标上我的职位。"王经理笑了笑，既不表示反对，也不表示赞同。这位港商并没有因为王经理的沉默而沉默，他反而对自己的公司大谈特谈起来，介绍完了自己的公司和产品，他有点好奇："请问王先生是做什么生意的？"王经理有意隐瞒自己的身份："我只是出去跑跑业务的，推销一些产品。"随即把自己公司的产品介绍一番，那位港商立即表示出极大的兴趣，似乎有很浓厚的合作意向。

王经理见对方十足的诚意，表示说自己会回去汇报上级领导，考虑其合作的可能性。那位港商对王经理十分热情，由于两人前往的目的地是相同的，于是热情的港商更是邀请住同一个旅馆，王经理不便直接拒绝，就一同前去了。第二天，王经理有事外出，与一位客户谈成了一笔生意，当即取出了大笔现金放在包里，当时港商也在场。下午回去，王经理多了个心眼，趁着港商回到自己的房间，他把所有的现金装进另外一个皮箱里，在原来装现金的那个皮包里塞满了报纸。

晚上，港商来到王经理的房间，天南海北地与王经理聊起了天，不久王经理借故起身去了卫生间，故意在里面磨蹭了一会再出来。等到他回来时，港商和那个装满报纸的皮包都不见了，王经理笑了笑。几天之后，王经理通过报纸看见本市最近破获了几起诈骗案，其中那位自称港商的人也被抓了，原来他并不是什么港商，而是一个职业骗子。

王经理利用自己的聪明才智躲过了小人的陷害，原来这之前王经理就觉得那位港商不对劲，自己更是故意制造了"港商"偷钱的机会，正是将计就计躲过了职业骗子的骗钱术。"港商"的骗术在于：他交出假心，以此诱骗你

交出真心。如果你不知江湖险恶,误信小人,老实厚道地什么都对他说,那就免不了会上当受骗。所以,我们只有细心观察对方的一举一动,才能够在别人的计策中将计就计躲过其陷害。

总而言之,我们在面对小人计划好的阴谋时,千万不要误以为没有回旋的余地,傻傻地看着小人的奸计得逞。很多时候,只要你有敏锐的观察力和灵活的应变能力,就一定能在千钧一发之时,以不变应万变之势,将计就计躲过小人的陷害。

参考文献

[1] 吴文铭.受益一生的心理学启示[M].北京:中国纺织出版社,2008.
[2] 成果.心理学的诡计[M].北京:中国纺织出版社,2010.